U0287391

基于供电模式的
城乡配电网优化规划

盛万兴　宋晓辉　著

科 学 出 版 社

北 京

内 容 简 介

　　规划是城乡配电网建设与改造的龙头。优秀的规划方案既要兼顾经济性、安全性和可靠性，又要与当地经济社会发展相适应。2006 年起，国家电网公司基于典型供电模式开展城乡配电网建设与改造，成效显著。本书在总结典型供电模式在我国城乡配电网的实践与应用经验的基础上，给出典型供电模式提升配电网规划质量的原理、配置原则、分类依据和方法，以及有别于传统规划方法的自下而上的区域供电规划思想，阐述模式化城乡配电网规划原理和方法，提出层次交互调优模型及基于供电模式的城乡配电网优化规划方法。

　　本书可作为从事配电网规划设计、建设与改造的技术开发人员，以及科研院校相关专业的教师、学生等参考用书。

图书在版编目（CIP）数据

　基于供电模式的城乡配电网优化规划 / 盛万兴，宋晓辉著. —北京：科学出版社，2024.6

　ISBN 978-7-03-074671-9

　Ⅰ．①基⋯　Ⅱ．①盛⋯　②宋⋯　Ⅲ．①城市配电网-电力系统规划　Ⅳ．①TM727.2

　中国国家版本馆 CIP 数据核字（2023）第 013423 号

责任编辑：裴　育　张海娜 / 责任校对：任苗苗
责任印制：赵　博 / 封面设计：陈　敬

科学出版社 出版

北京东黄城根北街 16 号
邮政编码：100717
http://www.sciencep.com

北京建宏印刷有限公司印刷
科学出版社发行　各地新华书店经销

*

2024 年 6 月第　一　版　开本：720 × 1000　1/16
2025 年 1 月第二次印刷　印张：10 1/2
字数：212 000

定价：98.00 元
（如有印装质量问题，我社负责调换）

前　言

城乡配电网建设与改造，规划先行，其科学决策对提升配电网安全可靠性、电能质量和经济性具有重要价值。城乡配电网建设与改造规划决策的失误、不科学，是供电企业经济损失、配电网建设质量失控的最大来源。配电网规划是一项复杂的系统工程，既需要规划理论技术的指导，也需要长期累积下来的配电网建设与改造与运维经验、专家知识和技能。如何利用这种长期累积下来的配电网建设与改造经验并结合规划理论技术，提升配电网规划的质量，减少规划不当造成的损失，一直是配电网建设领域的重要任务。

现行城乡配电网建设与改造技术规范、设计手册、典型设计等，对于城乡配电网建设与改造具有重要价值。然而其内容较多、分散、复杂，制定科学的电网规划方案不仅需要具备大量相应的专业理论技术，并且需要工程技术人员具备创造性、前瞻性能力及丰富经验，实践中难度极大。同时，大量专业、业务能力不一的技术人员制定的配电网规划建设方案，也导致配电网布局、结构、配置整体性的复杂化、无序化，需要规范和引导。自 2005 年起，国家电网公司开展典型供电模式研究与应用，成功将长期累积下来的电网建设与改造经验与规划理论技术相结合，有效引导了新农村电气化建设与改造，解决了长期以来我国农网规划建设水平落后、经济可行性差、无序发展的难题，为基层技术人员、电网专业规划设计人员提供了有效的规划手段和工具。源于供电模式在新农村电气化中的成功实践，基于典型供电模式的电网规划受到较大重视，其核心理念、改进的典型供电模式，自 2010 年起得到广泛推广应用，对我国城乡配电网建设与改造产生了积极影响。

为提升供电模式及其应用的科学合理性，在已出版的《新农村典型供电模式》《单三相混合供电模式》等专著的基础上，原新农村典型供电模式研发团队经过多年研究与应用，构建了基于供电模式的城乡配电网优化规划理论、模型及关键技术体系，形成了本专著，以期为城乡配电网规划技术人员提供更广阔的视野和理论、技术、方法支持，促进我国城乡配电网更好更快地发展。

限于作者水平，书中难免存在不妥之处，欢迎各位同仁不吝批评指正。

目　录

第1章 绪　　论

1.1　供电模式的概念、特征及应用情况

1.1.1　供电模式的概念和特征

1. 供电模式的概念

不论在学术研究中，还是在配电网规划建设实践中，"供电模式"一直没有一个明确的定义。在配电网规划建设实践中，往往把电网接线方式、电网结构方案、变电站接入系统方案、用户接入系统方案、变电站建设方案，甚至电力设备或"四新"技术的应用，如采用集中抄表系统、无功优化软件等，都称为供电模式。可以说，供电模式的概念是较为混乱的，缺乏对供电模式的系统性的、针对性的研究。

本书认为，供电模式是在一定的技术经济条件下，为满足配电网建设运行的安全性、可靠性和经济性要求，通过科学地运用配电网规划理论、标准规范，优化组合供电系统各组成要素，所确定的配电网规划设计方案。供电模式的深度介于配电网规划与初步设计之间，主要包括配电网结构、供电单元和配电网装备等要素。配电网结构主要指配电网接线形式、变电站布局、配电变压器分布等；供电单元指配电变压器安装方式、线路型式、变电站、无功补偿方式等由多个设备组成的具有特定功能的设施组合；配电网装备则包括配电线路、变压器及变电站主设备等各类电气设施。

目前应用较多的配电网建设模式为典型设计模式和通用设计模式。典型设计模式主要包括初步设计阶段的变电站典型设计方案、配电站典型设计方案、线路典型设计方案等。通用设计模式则主要包括变电站、配电站、线路等组成模块的施工设计方案。

2. 供电模式的特征

供电模式具有规范性、先进性和适应性的特征。

(1)规范性指依据国家、行业、企业标准的相关规定，对供电模式包含的各个要素以及要素的配置情况进行界定，在一定范围内达到统一。

(2)先进性指供电模式兼顾当前配电网建设目标和未来发展需求，引入了新技术、新设备，具有一定的技术先进性，可对配电网建设发挥引导作用。

(3)适应性指供电模式考虑到区域功能定位、负荷特性及可靠性目标等的需求差异，进行差异化建设，与当地区域特色、经济及配电网发展水平相适应。

1.1.2 供电模式的提出背景及意义

1. 提出背景

"供电模式"的提出源自 2005 年我国新农村电气化建设，基于新农村电气化建设与改造需求，吸纳了积累多年的城网、农网建设与改造的经验与教训，有着深厚的社会和行业背景。

从当时的农网现状来看，一方面，我国农网已达到相当大的规模，截至 2007 年底，国家电网公司农电系统拥有 110kV 变电站 5364 座，主变 9232 台，容量合计 310725MV·A；10kV 线路 162426 条，长度合计 2446382km；10kV 配电变压器 3894004 台，容量合计 577768MV·A。另一方面，农网建设不能持续满足新农村发展要求，两期农网改造的顺利实施和"四新"技术的大力推广，取得了显著效果，配电网装备水平和科技含量明显提升。但两期农网建设与改造仅仅完成了需要改造面的 80%左右，解决的主要是设备老化、供电质量低和供电能力不足等问题，农网网架薄弱的局面并没有得到根本改变，农网发展滞后于生产，农网技术含量较低的局面也未得到根本改变。新时期的农电发展面临着农网建设与改造不足、部分地区农网难以适应经济增长等亟待解决的问题，具体体现在配电网建设仍需进一步规范，供电可靠性仍需提高，电能质量不能满足新农村发展要求，线损率仍然偏高，自动化、信息化水平仍偏低。这样规模的配电网需要有规范的运行管理，也需要有规范的建设模式。

从当时的用电需求来看，一方面，农村负荷增长速度加快，随着社会主义新农村建设的不断推进、社会经济的不断发展，我国农村负荷仍将有长足发展，这必然导致配电网规模的扩大、配电网建设任务的加重，从供电能力看，每五年需再建一个农网。另一方面，我国农村负荷分布极不均衡，我国农村经济发展极不平衡，东部地区社会经济发展水平高于中西部地区，并且在同一个县(区)行政区域内部，发展也不平衡，这种社会经济发展的不平衡性在农网上表现为负荷水平和用电需求的不平衡。

从供电模式来看，一方面，我国没有系统形成适用的农网供电模式。以前所称供电模式可分为两类：一是农网建设中配电网规划方法及理论、配电网规划建设规程规范和原则、各种中压及高压配电网接线方式、用户或区域的供电电压等级选择原则等，实质上对配电网规划建设起着一个导向的作用；二是变电站建设形式、用户供电方案、"四新"技术等方面的供电模式，相当于具体工程的初步实施方式或实施方案，较为具体。这两者均不是真正意义上的供电模式。具体来说，在经过多轮城网、农网建设与改造后，我国新农村电气化及农网规划建设方面还存在以下问题。

(1)缺少实用性的初步配电网规划建设方案。配电网规划理论方法、配电网规划建设规程规范与导则等的应用需要高水平的专业技术人员，而我国农电企业人员素质有待提高，并且短时间内极难有较大提高，使得优秀的配电网规划理论方法、配电网规划建设规程规范与导则等的作用大打折扣，有时甚至是片面的。这种情况下，将配电网规划理论方法、配电网规划建设规程规范、导则等实用化就非常必要。

(2)从全网来看，没有形成一致的供电模式体系，不同区域，甚至同一区域的供电模式也不统一，并且往往只注重局部方案而不关注整体的合理性，从全网看供电模式处于无序状态。

(3)以前的农网供电模式不系统、不完善、不规范，往往只包括配电网接线方式，或者某方面的技术应用，或者具体建设方案。

(4)没有从区域或用户角度出发的具体标准及可操作性强的实施方案。

(5)虽然认识到了差异化发展的必要性，但由于没有相对应的、具体的配电网规划建设标准，各地只能根据实际情况，以主观性认识或经验为主制定具体的配电网规划建设方案，规范性较差，也不能保证配电网规划建设方案的科学合理性。

另一方面，国外没有可以照抄照搬的适合我国的农网供电模式。国外农网供电模式主要有两类：以欧美为代表的一类国家，采用双电源辐射供电模式，变电站建设模式主要为配置较大备用容量电源、满足 $N-1$ 准则，出线基本为单辐射，供电半径较长，采用可靠的重合器分段，接线简单，但供电可靠；以日本为代表的一类国家，采用环网供电模式，线路采用自动配电开关分段，实现配电自动化，满足供电要求。这些经验对我国农网的发展具有一定的借鉴作用，但受地域、经济发展水平、用电负荷等多种因素、特点的影响，这些模式的应用不能很好地和我国农网具体情况相结合，并且这些供电模式也不是完全意义上的供电模式。

2. 目的和意义

制定供电模式是为了适合我国农网特点，达到实用化要求，可以规范、引导新农村电气化建设。

(1)提供实用化的配电网规划建设方案。将配电网规划建设理论、配电网先进技术与我国农村、农村电网实际相结合，对国内外尤其是我国农村配电网规划建设的优秀经验进行系统的总结、提炼和拓展，形成达到实用化要求、具有实用价值的新农村典型供电模式体系。

(2)引导新农村电气化建设。新农村电气化建设不是一、二期农网的简单延伸和拓展，而是为符合新形势下新农村社会发展、配电网技术发展要求、农村配电网的升级换代，实现农村由有电可用到用好电的过渡，并随社会经济、配电网技术、负荷水平的发展而不断发展和完善。这必然要求将配电网规划先进技术融入供电模式中，引导新农村电气化建设。

(3)规范农网规划建设。新农村电气化建设不是盲目的配电网建设，既不能一味提高配电网建设标准，也不能以经济性为借口进行简单、低水平的重复建设，而是与经济发展、负荷水平相适应，与社会发展协调一致，技术性、经济性与社会和谐性并重。规范化的农网规划建设模式，可达到提高农网安全经济水平、实现农网规划设计可控性的目的；这种规范化，需要通过针对农网、农村特色的系统化配电网规划建设方案、优化配置来实现。

(4)针对区域经济发展水平、负荷特性等条件制定供电模式，为农网差异化发展提供技术支持。

(5)从不同层次、不同经济负荷发展水平及不同用电需求划分供电区域，并有针对性地制定供电模式，满足供电系统多层次、多目标的发展要求。

3. 供电模式拟解决的问题

(1)解决与我国农村发展不平衡相适应的农网发展的差异化问题。

(2)解决配电网规划与配电网建设初步设计方案之间脱节的问题。

(3)解决各地供电模式标准不一、较为混乱的问题。

(4)解决供电模式配置混乱、供电模式配置规范化标准化程度低的问题。

(5)解决规划理论、导则等实用性差的问题，提高规划方案的可操作性、实用性。

(6)解决建设标准不一、配电网建设可控性差的问题，规范配电网建设。

(7)解决现有配电网规划方法以全网、全区域为考虑对象，对不同电压等级配电网衔接考虑不足的问题。

(8)解决现有配电网规划方法以全区域为考虑对象，对局部区域或用户考虑不足的问题。

1.1.3 供电模式的发展及应用情况

自 2005 年起，国家电网公司组织开展新农村典型供电模式的研究与应用，发布了新农村典型供电模式、配套标准及评价标准，有序建设了数百个电气化县和数十万个电气化村，促进了农网技术进步和供电能力、供电可靠性的显著提升，有力支撑了我国新农村建设。自 2010 年起，借鉴新农村典型供电模式的成功经验和理念，国家电网公司开展小城镇、城市配电网典型供电模式研究与应用，并发布了相关标准，对配电网规划建设与改造产生了积极影响。

供电模式为配电网规划建设与改造提供了一套成熟可靠、融合了专家经验和规划知识的先进工具和手段，也影响着配电网规划建设的理念、方式与思路。

1.2 配电网优化规划技术研究现状

配电网规划是一项非常复杂的系统工程，其复杂性突出表现在其具有规模大、不确定和不精细因素多、涉及部门多和专业领域广的特点。配电网优化规划的目的是寻求最优的配电网投资策略，根据规划期间的经济社会发展、负荷发展变化及电源规划，确定相应的配电网布局及结构。

最早的配电网规划以方案比较为基础，通常采用手工计算，是一种以经验为主、数学计算为辅的方法。从 20 世纪 60 年代起，随着计算机的发展及相关学科（如运筹学、系统论、决策论等）的发展，根据电力系统特点的各种优化模型被相继提出，配电网规划成为真正意义上的优化规划，一定程度上有助于改善规划的科学性和合理性。

传统的配电网规划方法以负荷预测为基础，确定电源点（变电站）的最佳容量、位置和线路最优路径以及导线截面等，侧重于考虑电力系统，着眼于电源、配电网的建设以满足用户需求。配电网建设包括增加电源点（变电站）、增加线路、线路改造、现有电源点增容改造等，可针对不同措施分别设立模型（单目标、多目标），也可根据所采用的多种措施设立多目标模型，其求解方法为线性规划法、整数规划法、动态规划法。

针对各种规划模型，研究出了多种求解方法。这些求解方法可以分为启发式方法和数学优化方法两大类。

启发式方法通过定义反映方案运行性能及投资需求的综合指标，根据专家经验、规划技术和要求、原则等具有启动的规则，对备选规划方案进行优化选择。现代启发式方法是模拟自然界中的一些进化、选择机制和现象进行优化，主要有模拟退火算法、遗传算法、Tabu 搜索法、蚁群优化算法等。

　　配电网规划的数学优化方法就是把配电网规划设计要求归纳为运筹学中的数学模型，然后通过一定的数学算法进行求解，从而获得一个或多个满足约束条件的规划方案。常用的数学优化方法有混合整数规划、线性规划、分支定界法、整数规划、动态规划等。

第2章　分区解耦的配电网优化规划方法

2.1　区　域　供　电

2.1.1　问题的提出

区域是一个较为广泛的概念，在地理上，区域可以指一个较大范围，如华北、华中、华东、西北等；也可指一个较小的区块，如商业区、自然村、行政区，甚至一个电力用户所占据的区块，均可定义为一个区域。在供电模式中涉及的"区域"，是指需要规划或建设的供电区、供电分区及一个或多个用户所占用的区块。

目前的配电网规划方法有两类，即人工规划和计算机辅助规划。其中人工规划以经验、感性认识及必要的计算为主要手段，而计算机辅助规划是建立规划模型，对备选方案进行筛选。这两类方法均是以高压配电网或中压配电网为规划对象，从全规划区的角度确定配电网规划建设方案。当然，在规划过程中，也不可避免地进行某一区域的配电网规划，特别是中压配电网规划更是如此，但这些区域的划分通常是不明确且不固定的，各区域没有明确的规划目标，规划结果通常服务、服从于全规划区的配电网规划，对各区域供电可靠性、经济发展水平等要求考虑得不是很足，通常仅考虑供电能力满足区域发展要求。这种全规划区采取统一规划目标的配电网规划方法，一定程度上牺牲了区域间的差异化要求，使全规划区的配电网规划设计方案均衡化，既不能完全满足农网差异化的发展要求，也不能完全满足用户、区域的特殊需求，更不能完全满足提供特定区域或用户规划设计方案的要求。

同时，现有配电网规划方法，通常以站点布局、网架及通道规划为核心，并不适用基于供电模式的规划。

基于供电模式的配电网规划，需要解决以下问题。

(1) 供电分区的分类识别及边界划分。

(2) 供电分区与供电模式的匹配。

(3) 不同供电分区间与供电分区内部的协调。

(4) 不同层级供电区的协调。

(5) 站点布局及通道规划。

为解决这些问题，需要采用不同特点供电区域以及不同规划目标的规划思想，即区域供电的规划思想。

2.1.2 区域供电的规划思想

以供电区域需求为核心制定区域配电网规划建设方案，在区域规划的基础上形成全规划区的规划方案，全规划区的配电网规划方案充分考虑各区域供电需求的差异化，将这种规划方案称为区域供电。

某区域的供电模式由向该区域供电的最高电压等级及以下各级配电网决定，以最高电压为高压(电压为 35～110kV)的供电区域为例，其供电系统由高压供电系统、中压供电系统和低压供电系统组成，这些与该区域相适应的供电系统的有机组合即是该区域的供电模式。

一个县、区的供电模式包含高压系统、中压系统、低压系统，以及与通信、自动化等相关的系统，具有系统性。但是制定一个具体的，包含高、中、低压，涵盖全部用户的典型供电模式是较为复杂的。一个较小的供电区域也需要有相适应的供电系统，并且此供电系统具有较大的独立性；一个较大区域的供电系统是各个小区域供电系统的叠加，也是不同电压等级供电系统的叠加。因而，可以单独制定某个供电区域的供电模式。

区域供电的规划思想可以概括为：按照区块功能、地理环境、行政区划等条件将供电区划分为不同层次、相互关联而又具有独立性的供电区域，根据各供电区域的实际情况，综合考虑负荷、经济、资源、环境、技术等多方面因素，分情况采用适宜的电压等级、合理的配电网结构、合适的设备型式和先进适用的生产管理、用电服务技术手段，考虑供电区域特别是相邻、相嵌套区域的供电系统的相互影响、相互制约，将各分区的供电模式进行有机组合，即可形成一个全供电区，包括高、中、低压的完整的供电模式。

图 2-1 为基于区域供电思想的配电网规划设计流程。区域供电以区域、用户的要求为出发点，采用规范化的区域或用户的供电模式制定该区域或用户的供电系统规划方案，并采用纵向组合、横向优化的方法制定全规划区的配电网规划方案，可以解决区域间不平衡发展带来的问题，并且吸取了现有规划方法的优点，可以实现计算机辅助规划，并可充分利用配电网规划工程师的经验及配电网规划建设的优秀成果，使规划成果趋于优化并易于实现，符合配电网建设的规律。

2.1.3 区域供电规划思想的可行性分析

配电网规划设计具有以下特点。

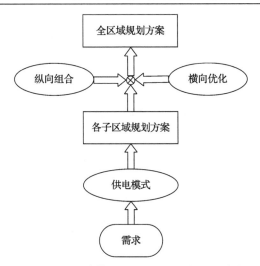

图 2-1　基于区域供电思想的配电网规划设计流程

(1)配电网之间既相互影响又相互独立。

(2)各供电区域/用户的供电系统之间既相互影响又相互独立。

(3)各级变电站/配电站的分布由用户/供电区域或下级配电网决定。

(4)配电网接线/结构由上级配电网及本级变电站的分布情况决定。

以上特点表明在规划某电压等级或区域/用户配电网时可相对独立地规划另一电压等级或区域/用户配电网,同时也表明完全可以由下往上制定配电网规划方案,而配电网接线特别是高压配电网接线需要考虑上、下级配电网布局,即在规划中需要考虑上、下级配电网的相互影响。

配电网规划设计特点表明从用户/区域出发采取由下至上的顺序进行规划具有理论及技术的可行性,配电网规划设计实践也证明了基于区域供电的配电网规划设计方法符合配电网发展规律,切实可行并且易于实施。

2.1.4　供电区域划分与分类

不同供电区域有不同的供电需求,不同的供电需求对供电模式有不同的要求。应用模式化规划方法编制规划方案时,需要对供电区域进行划分和分类,区域划分时应考虑与可采用的供电模式适用条件的一致性,以便进行供电模式选择。具体划分及分类方法如下。

1. 供电区域划分

供电区域可以按照行政区划、区域功能或地理方位等标准进行划分。

(1)以行政区划为标准进行供电区域划分。从全国范围看,供电区域可以省、市、县为标准进行划分，在同一个县以行政区划为标准可将供电区域划分为县、乡(镇)、村三个层次的供电区域。

(2)以区域功能为标准进行供电区域划分。区域功能主要有居住、工业、公共设施(包括行政办公、商业、体育、医疗、教育科研、文化娱乐及其他公共设施)、农业生产、农副业加工、道路广场、公园绿地等。以区块功能为划分标准，可将供电区域划分为居住区、工业区、行政办公区、商业区、商住混合区、医疗用地、教育科研区、文化娱乐区、农业生产区、农副业加工区、道路广场、公园绿地等。

(3)以地理方位为标准进行供电区域划分。依据地理位置的独立性、特殊性等条件，可将供电区域划分为县城、城郊、开发区、乡(镇)中心区、乡村、自然村等。

2. 供电区域分类

供电区域划分之后，可按经济发展水平、负荷水平、负荷性质、电压等级等条件将供电区域进行分类。

供电区域指需要进行电网规划建设的地理范围，供电区域的子区域称为供电分区。

2.2　配电网供电分区解耦分析

2.2.1　基本原则和要求

低压供电区以主要道路、行政区划边界为分界点。低压供电区无须考虑电源来源，中压供电区需考虑上级电源布局，高压供电区无须考虑上级电源布局。即优化规划中，需要先优化布局出高压配电网站所布局，或者依据中压供电区进行高压站所布局，确定出高压站所布局后，再重新对中压供电区进行优化组合或不组合。在实际配电网规划中，需要考虑上级电源点及站所位置是否确定，优化中可认为有若干的站所位置可选，要做的就是从中选择最优的一个。

中压供电区由距离相近的低压供电区成片组合，并且尽可能以行政区、主街道和地域分界线为边界。高压供电区由中压供电区连片进行组合，并且尽可能以行政区、主要路标和地形边界为边界。划分时需要采用专家经验，不要求严格的精确性而允许一定的柔性和弹性。

高压供电区以不规则边界的多边形、类似圆形为主，中压供电区以正方形、长方形、扇形、不规则多边形为主。

高压供电区划分相对复杂。下面对高压供电区划分进行重点分析，中、低压供电区可参考执行。

2.2.2　高压配电网全局系统按电压等级解耦分析

电压等级的划分较为简单，对一个地区的高压配电网而言，电压等级一般不多，大部分高压配电网的电压等级不超过三个，即 220kV、110kV、35kV。

按电压等级将高压配电网的全局系统分解时，可划分的子系统较为明确，数量较少。考察是否独立时，工作量较少。

划分后，各子系统的供电范围仍然是全供电区，各子系统均联系紧密。当一个子系统规划时，规划方案包括节点增减、支路增减、节点容量增减、节点电压等级变化、支路电压等级变化等，这些方案都有可能影响其他子系统规划方案的确定，以及影响其他子系统的潮流分布。

例如，在一个具有 220kV、110kV、35kV 三个电压等级的高压配电网中，当增加一个 110kV 节点时，二次侧出线情况讨论如下。

(1) 该节点二次侧没有 35kV 出线，只有 10kV 出线时，将有一部分原来需由 35kV 系统供电的负荷转由该节点供电，从而 35kV 系统规划将受到影响。

(2) 该节点二次侧只有 35kV 出线，则 35kV 的结构将发生变化，直接影响了 35kV 系统的规划。

(3) 该节点二次侧既有 35kV 出线，又有 10kV 出线时，将有一部分原来需由 35kV 系统供电的负荷转由该节点供电，35kV 系统也将发生变化，从而 35kV 系统规划将受到影响。

基于上述理由，按电压等级划分子系统时，各子系统在规划中一般是不独立的。因而，在规划中全局系统的分解不宜按电压等级进行。

2.2.3　高压配电网全局系统按供电区域解耦分析

供电区域可根据城乡规划功能、负荷性质、地理自然分布位置等情况进行适当划分，亦可按一个或几个变电站供电范围来划分。

1. 按城乡规划功能划分

按城乡规划功能划分供电区域时，各供电区域的供电形式有以下几种情形。

(1) 由单一供电所供电，该供电所仅向此供电区域供电。

(2) 由单一供电所供电，该供电所还向其他供电区域供电。

(3) 由多个供电所供电，这些供电所仅向此供电区域供电。

(4) 由多个供电所供电，这些供电所还向其他供电区域供电。

对于第(2)、(4)种情形,该供电区域的负荷发展直接影响其他供电区域的可用供电容量,从而对其他供电区域规划构成影响。

对于第(1)、(3)种情形,该供电区域在规划中是否受其他供电区域的影响以及是否对其他供电区域规划造成影响,要分具体情况而定。当该供电区域的规划方案影响其他供电区域的潮流分布或其潮流分布受其他供电规划方案的影响时,该供电区域在规划中是不独立的;当该供电区域的规划潮流分布不受其他供电区域的影响也不对其他供电区域的潮流分布构成影响时,该供电区域在规划中是独立的。

因而,按城乡规划功能划分供电区域时,有可能划分出若干个独立的子系统,但一般各功能区电气联系较为紧密,出现第(2)、(4)种供电情形的可能性较大,能够分出独立子系统的可能性较小。

2. 按负荷性质划分

按负荷性质划分供电区域时,供电形式基本与按城乡规划功能划分的供电区域的供电形式相同,因而,也有可能划分出若干个独立子系统,但划分出来的供电区域情况可能会较为复杂,且一般来说电气联系较为紧密,能够分出独立子系统的可能性较小。

3. 按地理自然分布位置划分

按地理自然分布位置划分时,划分的方式较为灵活,可以将相邻的区域划为一个供电区域,也可以划为若干个供电区域,或分属其他不同的供电区域。可以按地形的结合紧密程度、用电电源情况、行政区等多种方式划分。

以行政区划分时,各供电区域的供电形式有以下几种情形。

(1)由本行政区电源及主要变电站供电,这些电源及变电站仅向本行政区供电。

(2)由本行政区电源及主要变电站供电,这些电源及变电站还向其他行政区供电。

(3)由本行政区电源及主要变电站、其他行政区的电源及变电站供电,这些电源及变电站仅向本行政区供电。

(4)由本行政区电源及主要变电站、其他行政区的电源及变电站供电,本行政区的电源及变电站仅向本行政区供电,而向本行政区供电的其他行政区的电源及变电站还向其他行政区供电。

(5)由本行政区电源及主要变电站、其他行政区的电源及变电站供电,这些电源及变电站还向其他行政区供电。

在第(1)、(3)种情况下,该供电区域基本不受其他供电区域的影响,可以独立规划。而在其他几种情况下,规划中受其他供电区域影响以及对其他供电区域的影响较为复杂。

上述几种供电情况在实际中出现的可能性均较大。按行政区划分供电区域时,可将全局系统划分为若干独立子系统的可能性较大,优于按城乡规划功能、负荷性质划分供电区域。

4. 按变电站供电范围划分

选定变电站的供电范围为子系统时,每个变电站均对应一个供电区域,该供电区域同时也是向本供电所提供进线的变电站(一般指高一级或二级电压等级的变电站)的供电区域的组成部分。因而,全供电区域可以分解成由所有最高配电电压级供电所的供电区域,以及由这些供电所出线的较低电压等级的供电所的供电区域,然后各供电区域又可分成若干个小供电区域。简单起见,可将全供电区域直接分解成的供电区域称为一级供电区域,由一级供电区域分解成的供电区域称为二级供电区域,以此类推。

连接一级供电区域的网架构成全供电区域的主网架,主网架的连接方式主要有放射式、环式等结构。

有两回及以上从不同电源(本供电区供电所或其他供电区域)进线的变电站,一般由本供电区提供的电源作为主供电源,否则,本变电站所在区域将划归其他供电区域,其他进线一般作为备用,用于事故(如线路故障)、主供线路检修、最大负荷时本供电区设备容量不足等需要暂时由其他供电区域供电的情况。

按变电站的供电范围划分供电区域时,各供电区域对其他供电区域的影响及受其他供电区域的影响均较小,将全局系统划分为若干个独立子系统的可能性较大。

综上所述,从将全局系统划分为在配电网规划中独立的子系统的角度看,按变电站供电范围划分较为恰当。

2.2.4　高压配电网规划中供电区域间的相互影响

一般而言,高压配电网供电区域具有相对稳定性,同时与其他供电区域间存在或强或弱的电气联系,有电气联系的供电区域间存在或多或少的影响,主要包括:①对潮流分布的影响;②对规划方案的影响;③对最大负荷的影响;④对局部最大负荷的影响;⑤对网损的影响;⑥对电压的影响;⑦对供电可靠性的影响。

这些影响可由现有配电网结构、配电网运行方式、规划方案等决定。在通常情况下，当不考虑对规划方案的影响时，这些影响可以通过估算确定；当考虑对规划方案的影响时，由于规划方案的不确定性，有可能导致这些影响不能事先确定。

这些影响按性质可分为确定性影响和不确定性影响两类。确定性影响是指在规划时已存在或可以预见的影响，该影响不会随着其他供电区域规划方案的变化而变化。不确定性影响是指在规划时尚不存在、在将来根据方案的变化而变化的影响，该影响对双方而言均是不确定的。

2.2.5 高压配电网规划中供电区域间影响性质的判别

供电区域间的相互影响是通过它们之间现有的以及规划中的联络线产生的，并受各供电区域配电网及用电情况的影响。因而，供电区域间的影响性质，可通过考察现有的以及规划中联络线的状况并结合相联络供电区域的用电、配电网状况来确定。

在正常运行方式下，联络线上没有潮流。联络线一般在主供线路或其他设备故障、设备检修、负荷超过供电能力等情况下投入运行，可以有效提高供电可靠性。

当联络线已存在时，对供电区域的影响通常可以估算出来，因而其影响是确定性的；当联络线为规划方案时，由于联络线是否实施具有不确定性，而实施与否对供电区域的影响是不同的，因而，其影响性质是不确定性的。

供电区域间各级联络线的影响情况分别叙述如下。

1）联络线为本供电区域最高电压等级

联络线对各供电区域内部无影响，但是改变了相应供电区域主供电源的潮流，也就是改变了现有或规划的主网架的潮流分布。

（1）当联络线已经存在、规划方案中不存在增设联络线方案时，由于相关供电区域的配电网规划对该供电区域外的规划不产生影响，可认为本供电区域规划不用考虑主网架。此时，认为该电气联系对相关供电区域仅产生确定性影响。相关供电区域制定对策时考虑这种确定性影响后，则规划中不再互相影响。

（2）当规划方案中存在增设联络线方案时，可将两个相连的供电区域合并为一个供电区域进行处理。

2）联络线为本供电区域次高电压等级

对于次高电压等级的线路，可传送容量相对较大，对转供的供电区域影响较大，有可能占用较大设备容量。

(1) 当联络线已经存在、规划方案中不存在增设联络线方案时，其他供电区域对本供电区域以及本供电区域对其他供电区域的影响是可预见的。该联络线的作用大致如下。

故障时相互或单向转供电，此种情况发生在最大负荷情况时的可能性较小，规划时可以不考虑发生在最大负荷时的转供，可按平均负荷情况考虑。

发生在最大负荷时的相互转供电或单向转供电，转供负荷一般不大于供电方富裕的供电能力。考虑到供电设备允许一定的过负荷，当转供负荷不大于允许过负荷量与富裕供电能力之和时，该联络线仅是提高了相关供电区域的供电可靠性，当在规划各相关供电区域制定对策的相关经济指标时，考虑到该联络线的影响后，相关供电区域规划时不互相影响。

(2) 当规划方案中存在增设联络线方案时，可将两个相连的供电区域合并为一个供电区域进行处理。

由上所述，可以根据具体情况，在规划中将高压配电网按供电区域分成多个独立的部分，这些供电区域具有相对稳定性，其他供电区域对它的影响具有确定性。

2.2.6 高压配电网规划中独立供电区域的判定

当一个供电区域的配电网规划不受其他供电区域的影响，同时也不影响其他供电区域的配电网规划时，该供电区域的配电网可独立规划。

根据某供电区域受影响的性质，判断该供电区域的独立性。

(1) 当某供电区域与其他供电区域的互相影响为确定性影响时，由于该影响能够事先确定，规划时可以考虑到，而不必考虑是受哪一个供电区域或对哪一个供电区域的影响，该供电区域规划时不再受其他供电区域规划的影响，也不用考虑对其他供电区域规划产生的影响。此时，该供电区域在规划中可认为是独立的。

(2) 当供电区域间存在不确定性影响时，在规划中它们是不独立的，可将它们合并作为一个供电区域。

2.3 层次交互调优的供电区域解耦与规划方法

2.3.1 问题的提出

在配电网规划中，当系统规模较大时，优化的工作量较大，特别是在多级配电网协调规划中，会出现"维数灾"的问题。一些学者提出了降低计算工作量的优化方法，在模型的可行域上对第一优先层次的目标函数进行极小化，然后在第一优先层次的最优解集上对第二优先层次的目标函数进行极小化，如此继续，直到最后一层，以达到减少计算工程量及避免多目标函数处理困难的目的，适用于多目标规划模型；还有一些学者采用 L 形算法对模型进行分解处理，将一个多阶段的高阶配电网规划问题转化为多个规划子事件进行降阶迭代计算，以提高求解速度和减少内存消耗。

对于基于供电模式的配电网规划，前述规划方法并不适用。基于供电模式的配电网规划，需要进行分层优化，并且需要层次间的协调；层次优化中又包含目标的分解、层次内的区域解耦(区域分解及区域间的交互)，并且这些区域既具有独立性又具有一定的可调性，更为复杂。

2.3.2　层次交互调优法思路

从优化方法层面，基于供电模式的配电网规划中，供电模式可以认为是专家经验和知识库，在优化过程中，供电分区的划分、供电模式的匹配选择等方面内含着专家经验和知识，是一种基于专家经验和知识库的分层分区协同的优化规划。在优化规划过程中，分区、分层的协同、协调居于重要地位。

由于需要兼顾不同电压等级、不同供电分区，所采用的优化方法与同类优化方法的思路稍有不同，可称为层次交互调优法。该方法基本思路为：将大系统目标规划问题分解为若干个子系统目标规划问题，各子系统的聚类组合出上一层级子系统，以此类推，形成若干层级、上下包含的多层级规划，同时建立各个层级及其子系统的目标规划模型。由于这些子问题都是一般的目标规划问题，可以利用相关算法(如多阶段单纯形法、动态规划算法)对它们进行求解，并在同一层级、上下层级间进行约束检验。满足各子系统及各层级、全局规划目标的一个或多个解，即为原大系统问题的最优解或次优解；否则根据各个子系统的正、负偏差变量所提供的信息，在全局系统和子系统之间进行协调。层次交互调优法的计算流程如图 2-2 所示。

2.3.3　层次交互调优法数学模型及流程

设一个大系统由一个全局系统和若干个相互独立的子系统组成。将全局系统和各个子系统放在一起，构成了具有原方块角形结构的大系统目标规划模型：

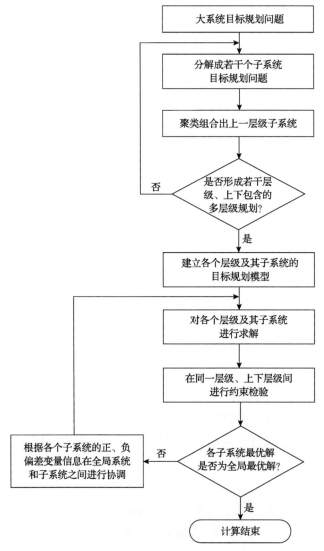

图 2-2 层次交互调优法的计算流程

$$F(x) = \min \sum_{i=1}^{N} [F^{i1}(x^{i1}), F^{i2}(x^{i2}), \cdots, F^{iN_i}(x^{iN_i})] \begin{bmatrix} x^{i1} \\ x^{i2} \\ \vdots \\ x^{iN_i} \end{bmatrix} \tag{2-1}$$

$$F(x) \leqslant F \tag{2-2}$$

$$\left[G^{i1}, G^{i2}, \cdots, G^{iN_i} \right] \begin{bmatrix} x^{i1} \\ x^{i2} \\ \vdots \\ x^{iN_i} \end{bmatrix} \in [G_1^i, G_2^i], \quad i = 1, 2, \cdots, N \tag{2-3}$$

其中，$F(x)$、F 分别为目标函数值和最大值；N 为层级数；N_i 为第 i 层子系统的个数；$F^{ij}(x^{ij})(j = 1, 2, \cdots, N_i)$ 为第 i 层第 j 个子系统的目标函数，且

$$F^{ij}(x^{ij}) = \left[f_1^{i1}(x^{i1}), f_2^{i2}(x^{i2}), \cdots, f_{N_i}^{iN_i}(x^{iN_i}) \right]^{\mathrm{T}} \tag{2-4}$$

$$x^j \in X^j \subset \mathbf{R}^n, \quad j = 1, 2, \cdots, N_i$$

模型中 $\left[F^{i1}(x^{i1}), F^{i2}(x^{i2}), \cdots, F^{iN_i}(x^{iN_i}) \right]$ 为第 i 层的全局系统；$f_j^{ij}(x^{ij})(j = 1, 2, \cdots, N_i)$ 为第 i 层的第 j 个子系统；$G^{ij}(x^{ij})(j = 1, 2, \cdots, N_i)$ 为第 i 层第 j 个子系统的协调分解目标；G_1^i、G_2^i 分别为第 i 层分解目标的下限值和上限值。

运用层次交互调优法对上述模型求解时的步骤如下。

步骤 1：对分解目标模型 $(p^j)(j = 1, 2, \cdots, N_i)$ 进行求解，设其最优解为 $\bar{x}^j$，并设 $\bar{x} = (\bar{x}^1, \bar{x}^2, \cdots, \bar{x}^{N_i})$。

步骤 2：检验是否满足问题的要求，若满足要求则结束本层级各子系统的优化计算，转入步骤 4；否则转入步骤 3。

步骤 3：利用分解目标函数值在各层级进行协调，调整问题的目标值，然后转入步骤 1。

步骤 4：计算目标函数，对上一步的方案进一步优选。若多种方案满足要求，取目标值最小方案为优化方案，结束优化计算；若无满足要求方案，则可调整优化目标或分解目标，然后开始步骤 1 的计算。

第3章 模式化的配电网规划模型

3.1 配电网规划问题分析

3.1.1 基于供电模式的配电网规划问题分析

基于供电模式的配电网规划建设方案制定中，区域划分是首要的任务，进而根据供电区域属性选择相适应的供电模式。供电模式通常是提供变电站、配电站等建设模式，以及相适应的网架结构及敷设方式，变电站所的布局、网架结构的具体形式和电力线路通道等需要根据实际情况进行制定。在供电模式的优化规划过程中，需要解决以下问题。

(1)根据规划需要不同，分为某一电压等级的优化规划，以及多个电压等级配电网联合优化规划。

(2)供电区域划分及供电模式匹配。优化规划中供电区域的划分可以是动态的，可根据优化需要对供电区域做调整。供电区域划分后，可根据配电网管理需要、安全性、管理者偏好、专家经验等因素，确定该区域是否可调整。即根据供电区域是否可调整，分为可调整供电区域和不可调整供电区域。

(3)站所布局优化。综合同级、下级配电网，体现同级优化。基于供电模式的优化规划，可以由下级配电网确定上级电网的站点方位及容量，通常将站所置于负荷中心，然后确定本电压等级网架结构。

(4)各区域、子区域网架优化规划及设备匹配。同一电压等级和不同电压等级，均采用层次优化规划模型和方法。多个电压等级，相当于每个子区域独立规划，只是指标受全局规划的影响。

3.1.2 不同电压等级配电网优化规划问题分析

1. 低压配电网规划

在确定出供电分区后，第一步为供电模式匹配，第二步为具体规划方案。需要进行配电站所或配电变压器台架的布局及容量确定。对于低压配电网，规划设计的基本原则是配电站、配电变压器台架布置于负荷中心，从地理及负荷分布上不难获得，确定电源点后，即可进行网架规划及设备选型等工作。

2. 中压配电网规划

在进行供电模式匹配选择之后，同样需要进行站所布局规划。

在实际规划中，往往站所是现有的，不存在站址重新选择规划的问题。即使需要新建电源点，也往往受制于土地、市政规划、现有地貌地形等，可选择的范围非常有限甚至有时只有一个选择。电源点应当位于负荷中心，布局基本上能达到最优。有多个可选择方案时，以中压配电网整体经济性、供电能力和供电可靠性最优作为目标进行优化选择。

确定电源点后，可对分区进行优化调整。

同时，对于中压配电网规划，受大量现存馈线的制约，通道等可选择性非常小，通常以改造为主，新建为辅，即使是新建，通常站所是确定的，廊道是确定的或者只有少量备选方案，能够改变的是结构、设备选型及配置等，并可进行局部的廊道优化。其中配电网结构需要优化联络连接关系，这样可以有效降低造价、改善供电质量。

对于低压台区的供电电源，需要由中压配电网提供，规划中，台区位置是不变的，需要优选路径和结构，优化配置，提升经济性和技术水平。

3. 高压配电网规划

高压配电网规划以上级电源点规划为基础，以同电压等级站所为节点。站所建设模式、配电网结构与供电区域对应的供电模式相匹配。

在高压配电网规划中，需要率先优化确定站所所需数量及容量、对应供电区，并由下级配电网确定出站所位置。实际应用中，大部分站所为存量站所，不能更改位置，但可以升级改造，少量新建站所通常具有一个或多个可选择位置。

3.2　模式化的配电网规划方法

基于区域供电思想进行配电网规划时，采取了典型供电模式以及一些规范化的规划方式，可称为模式化的配电网规划方法。

3.2.1　典型供电模式的选择

根据划分后的各供电区域的相关指标（如经济水平、负荷水平、负荷性质、需要的电压等级等）选择相适应的供电模式。选择供电模式时，需要考虑以下几个方面。

(1)电压等级。根据区域负荷水平确定该区域需要的电压等级,并在相应电压等级的供电模式中选取该区域供电模式。例如,某工业园区需要的最高电压等级为 110kV,如果只需制定 110kV 电压等级配电网规划方案,则直接在 110kV 供电模式中选取;如果需要制定 110kV、10kV 电压等级的配电网规划方案,则需要对供电区域进行划分,并选择合适的 110kV、10kV 电压等级供电模式。

(2)对供电可靠性、环境等方面的要求。原则上供电模式选择时需要参考同类型区域的供电模式,但由于实际情况的复杂性,可以根据供电可靠性、环境等选择与之相适应的供电模式。

(3)深度和适用性。选择的供电模式应用与供电区域类型相匹配,并根据供电区域线路廊道、市政规划、当下配电网运维要求等,细化选择供电模式各要素,如选择电缆还是架空线路等;并根据规划设计的需要选择相应的深度内容,例如电缆是否要深化到具体型号、导体标称截面积等。

3.2.2　典型供电模式的应用

采用模式化规划方法制定配电网规划方案,包括横向规划和纵向规划两方面,即组合和优化过程。

组合过程体现在两个方面:①不同供电区域的某电压等级规划方案组合为整个规划区该电压等级的初步规划方案;②将不同电压等级的规划方案进行组合,得到包含各电压等级的配电网规划方案。前者侧重于为某电压等级优化规划提供初始条件,后者侧重于各电压等级规划成果的有机结合。

优化过程也体现在两个方面:①同一供电区域内同一电压等级规划方案的优化;②各供电区域规划方案制定后,不同供电区域同一电压等级规划方案的优化。前者侧重于配电网布局、设备选择,后者侧重于配电网结构、局部布局和个别设备选型的调整。

以某具有高、中、低压供电区域的配电网规划方案为例说明配电网规划方案制定步骤,具体内容如下。

(1)将规划区域划分为若干个低压供电区域(如村)、中压供电区域和高压供电区域(若只需 1 座变电站则无须划分高压供电区域)。

(2)对于低压供电区域,根据经济、负荷等指标选择低压供电模式,并制定各低压供电区域的配电网规划方案。将同一中压供电区域的低压配电网规划方案进行组合,即可得到低压配电网规划方案。由于低压配电网通常不相互联络且互供电能力低、供电范围小，一般情况下不需要进行不同区域间的规划优化。

(3)对于中压供电区域，根据经济、负荷等指标选择中压供电模式，并制定各中压供电区域的中压配电网规划方案。将同一高压供电区的中压规划方案进行组合，然后结合高压变电站布局对中压配电网规划方案进行优化，优化对象主要包括各回路供电范围、线路路径、形成某种接线方式的回路(即回路间联络)等，最后确定中压规划方案。

(4)对于高压供电区域，根据经济、负荷等指标选择高压供电模式，并制定各高压供电区域的高压配电网规划方案，然后结合上级配电网规划方案对高压配电网规划方案进行优化，优化对象主要包括各变电站供电范围、高压配电网结构、高压线路路径等，确定高压配电网规划方案。

(5)根据高压配电网规划方案对中压配电网规划方案进行优化调整，确定中压配电网最终规划方案，最后将低压配电网规划方案、中压配电网规划方案、高压配电网规划方案进行组合，即得到包含各电压等级的配电网规划方案。

3.2.3 模式化配电网规划设计步骤

模式化配电网规划设计步骤具体内容如下。

(1)按照常规配电网规划设计方法收集、整理资料，将规划区按行政区划、区块功能、地理环境等条件划分为不同层次、相互关联而又具有独立性的供电区域，并进行负荷预测。

(2)选择与各供电区域相对应的供电模式。

(3)将选定的供电模式与各供电区域实际情况相结合，制定各电压等级配电网的具体规划方案。

(4)将各供电区域规划方案进行组合优化，制定规划区的配电网规划方案，并对各供电区域的规划方案进行调整，调整方法如下。

①将某中压供电区域包括的各低压供电区域配电网规划方案进行组合，并确定配电变压器的分布情况。若只需制定低压配电网规划方案，则不需要进行以下步骤。

②根据配电变压器的分布情况，对该中压供电区域的中压配电网规划方案进行优化，并对各低压供电区域的配电网规划方案进行调整。

③重复步骤①、②，制定所有中压供电区域的中、低压配电网规划方案。若只需制定中、低压配电网规划方案，则不需要进行以下各步骤。

④将某高压供电区域的各中压供电区的配电网规划方案进行组合，并对上

级变电站布点、供电范围及主变容量等进行优化。

⑤重复步骤④，制定所有高压供电区域的变电站规划方案，并对各中压供电区域的中压配电网规划方案进行调整。

⑥依据高压变电站规划方案，提出高压配电网的上级配电网规划建议，并制定高压配电网接线方案。

⑦形成包括不同电压等级、配电网布局、供电单元和配电网装备各要素的配电网规划方案。

图 3-1 为模式化配电网规划设计流程。

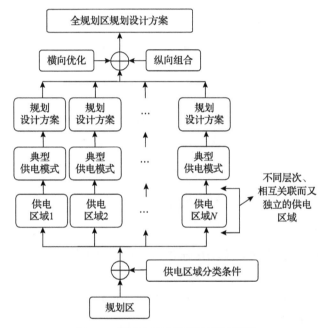

图 3-1　模式化配电网规划设计流程

3.2.4　模式化配电网规划设计方法的特点

模式化配电网规划设计方法与传统配电网规划设计方法既一脉相承，又具有自身特点。

(1)模式化配电网规划设计方法根据区域、用户实际情况选择合适的供电模式形成配电网规划方案，是一种由下至上或电压等级由低到高的配电网规划设计方法。

(2)模式化配电网规划设计方法采用纵向组合、横向优化的方法实现全地区的配电网规划方案编制，符合配电网建设的规律。

（3）对相同、相近的供电区域采用相同的供电模式，符合配电网规划的精细化管理、集约化发展的要求，可以促进配电网标准化建设。

（4）可提高配电网规划设计效率和规划质量，并可拓展现有配电网规划边界。

3.3　基于供电模式的配电网优化规划模型

基于供电模式的配电网优化规划，一方面，整体思路是从下至上，即从低压到高压的规划，并且是严格的分区规划，执行纵向协同、横向优化原则；另一方面，体现供电可靠性、供电能力与经济性相匹配的原则，并且通过供电模式体现先进性、适用性和前瞻性。

相对应地，优化规划中需要体现上述要求和原则，采用多目标优化规划，以投资和可靠性为核心目标，以供电能力为关键约束，进行全局和局部、分层分级的协调优化，并可动态调整目标以满足可行方案需要。

优化模式包含区域划分模型、投资模型、供电可靠性分配模型和各供电区域配电网规划模型四类目标函数。

3.3.1　基于供电模式的层次交互调优配电网规划数学模型

1. 层次交互调优配电网规划数学模型

1）区域划分模型

由低压供电区域优化匹配出中压供电区域，中压供电区域优化匹配出高压供电区域。

目标函数：供电分区数量最少或接近某一指定目标。

区域划分模型为

$$V_{\mathrm{BN}} = \min\left\{V_{\mathrm{num}}(\mathrm{block}), V_{\mathrm{BN1}} \leqslant V_{\mathrm{num}}(\mathrm{block}) \leqslant V_{\mathrm{BN2}}\right\} \tag{3-1}$$

其中，V_{BN}、$V_{\mathrm{num}}(\mathrm{block})$ 分别为某电压等级的供电分区数和供电分区数函数；V_{BN1}、V_{BN2} 分别为某电压等级的供电分区数目标下限值和上限值。

约束条件为

$$P_{\mathrm{V1}} \leqslant P_{\mathrm{V}}(i) \leqslant P_{\mathrm{V2}} \tag{3-2}$$

其中，$P_{\mathrm{V}}(i)$ 为某电压等级的第 i 个供电分区的负荷，$P_{\mathrm{V}}(i) = S_{\mathrm{r}}\sum\limits_{j} p_{\mathrm{b}j}$，$p_{\mathrm{b}j}(i)$ 为某配电网等级第 i 个供电分区所属第 j 个空间负荷值或第 j 个下级供电分区空

间负荷值，S_r 为该供电分区空间负荷折算该供电分区负荷的同时率，为 0.2～1.0，与空间负荷数量有关；P_{V1}、P_{V2} 分别为某电压等级供电分区负荷目标下限值和上限值，可根据专家经验或管理需求确定，也可由各结构配电网回路的供电能力上限值与负载率乘积确定，如期望负载率为 0.2～0.6，则可根据各结构配电网回路计算出 P_{V1}、P_{V2}。

站所布局还应满足如下约束：

$$D_V(i) \leqslant r_V \tag{3-3}$$

其中，$D_V(i)$ 为某电压等级供电分区距上级电源点的距离；r_V 为该电压等级的允许供电半径或允许最远供电距离，可根据专家经验或管理需求确定，也可根据相关技术规范、导则要求确定。

2）投资模型

目标函数：区域费用最低且不大于给定值，各层级新建改造费用之和最小且不大于指定值。

投资模型中包含折算后的停电损失、线损及投资。

设有高、中、低三个电压等级配电网，其中高压供电区有 K 个，中压供电区有 N 个，低压供电区有 M 个。则投资模型为

$$F = \min\left(\sum_{t=1}^{K} x_t + \sum_{j=1}^{N} y_j + \sum_{i=1}^{M} z_i\right), \quad F \leqslant F_{\max} \tag{3-4}$$

其中，x_t 为第 t 个高压供电区域的投资；y_j 为第 j 个中压供电区域的投资；z_i 为第 i 个低压供电区域的投资。

3）供电可靠性分配模型

设高压供电区域有 K 个，根据区域供电可靠性要求，第 t 个高压供电区域供电可靠率为 $R_{Gt1} \sim R_{Gt2}$，供电负荷为 P_{Gt}；中压供电区域有 N 个，根据区域供电可靠性要求，第 j 个中压供电区域供电可靠率为 $R_{Zj1} \sim R_{Zj2}$，供电负荷为 P_{Zj}。

供电可靠性分配模型为

$$\frac{\displaystyle\sum_{t=1}^{K} P_{Gt} R_{Gt3}}{\displaystyle\sum_{t=1}^{K} P_{Gt}} \geqslant R_G \tag{3-5}$$

$$\frac{\sum\limits_{j=1}^{N} P_{Zj} R_{Zj3}}{\sum\limits_{j=1}^{K} P_{Zj}} \geqslant R_Z \tag{3-6}$$

其中，R_{Gt3} 为选定的第 t 个高压供电区域供电可靠率，数值为 $R_{Gt1} \sim R_{Gt2}$；R_{Zj3} 为选定的第 j 个中压供电区域供电可靠率，数值为 $R_{Zj1} \sim R_{Zj2}$。

4) 各供电区域配电网规划模型

各供电区域配电网具体方案优化选择。中压和高压配电网以供电可靠率不低于分配值且最大为目标，低压配电网以投资最小为目标，按供电可靠性从高到低对方案进行排序，并计算出各方案指标。各区域供电可靠性不小于给定值，确定出多种方案作为备选方案。

各供电区域配电网模型为

$$\min R_{Gt} \geqslant R_{Gt3}, \quad t = 1, 2, \cdots, K \tag{3-7}$$

$$\min R_{Zj} \geqslant R_{Zj3}, \quad j = 1, 2, \cdots, N \tag{3-8}$$

$$F_{Li} = \min z_i, \quad i = 1, 2, \cdots, M \tag{3-9}$$

约束条件为

$$0 \leqslant P_{Gm}\left(\sum_{r=1}^{t} x_{r1}, \cdots, \sum_{r=1}^{t} x_{rN}\right) \leqslant P_{GmD}, \quad t = 1, 2, \cdots, K \tag{3-10}$$

$$0 \leqslant P_{Gm}\left(\sum_{r=1}^{t} x_{r1}, \cdots, \sum_{r=1}^{t} x_{rN}\right) \leqslant P_{SmD}, \quad t = 1, 2, \cdots, K \tag{3-11}$$

$$0 \leqslant P_{Lm}\left(\sum_{r=1}^{t} x_{r1}, \cdots, \sum_{r=1}^{t} x_{rN}\right) \leqslant P_{LmD}, \quad t = 1, 2, \cdots, K \tag{3-12}$$

$$0 \leqslant \Delta V_m\left(\sum_{r=1}^{t} x_{r1}, \cdots, \sum_{r=1}^{t} x_{rN}\right) \leqslant \Delta V_{m\max}, \quad t = 1, 2, \cdots, K \tag{3-13}$$

$$0 \leqslant \sum_{i=1}^{K} x_{ij} \leqslant 1, \quad j = 1, 2, \cdots, N \tag{3-14}$$

$$x_{tj} \in \{0,1\}, \quad j = 1, 2, \cdots, N; t = 1, 2, \cdots, K \tag{3-15}$$

其中，$P_{Gm}\left(\sum\limits_{r=1}^{t}x_{r1},\cdots,\sum\limits_{r=1}^{t}x_{rN}\right)$ 为某节点 m 采用某方案时的有功功率；P_{GmD} 为某节点 m 功率的最大允许值；P_{SmD} 为某节点 m 供电电源的容量上限；$P_{Lm}\left(\sum\limits_{r=1}^{t}x_{r1},\cdots,\sum\limits_{r=1}^{t}x_{rN}\right)$ 为第 m 条支路采用某方案时的有功功率；P_{LmD} 为第 m 条支路可允许传送的最大功率；$\Delta V_{m}\left(\sum\limits_{r=1}^{t}x_{r1},\cdots,\sum\limits_{r=1}^{t}x_{rN}\right)$ 为采用某方案时从起始点至第 m 条支路末端的电压降；$\Delta V_{m\max}$ 为从起始点至第 m 条支路末端电压降的最大允许值。

2. 高、中压配电网规划数学模型

高、中压配电网规划数学模型为

$$F=\min\sum_{j}^{N}y_{j} \tag{3-16}$$

$$\min R_{Zj}\geqslant R_{Zj3},\quad j=1,2,\cdots,N \tag{3-17}$$

约束条件同上。

3. 规划流程说明

(1)优化流程采用前述层次交互调优法流程。

(2)优化目标调整方案根据不同的优化目的和需要设定。

整体优化过程为：区域划分后，分配各区域指标，各区域选定供电方案，各供电区域方案满足可靠性要求，计算出相关指标，然后寻找总费用最低的方案。如果总费用最低方案满足要求，则优化结束；如果总费用大于给定值，则调整供电分区，然后重新进行上述计算，直到满足要求；如果不满足则重新开始计算；当无新分区方案或者计算次数超过 N 次后，还未确定出最优方案，则终止计算，或者调整最大费用、降低可靠性目标后重新计算，直到找到最优方案。

在优化过程中，优化目标调整是不确定的，可根据不同的优化目的和需要设定。

(3)可靠性分配流程。

按各供电区域属性提出一个最优、较高标准的供电可靠率指标，进而进行计算，如果计算结果满足要求则终止；如果不满足要求，则按规则降低各供电区域可靠率指标，直到供电可靠率满足要求。规则包括但不限于：①可靠率同比减小，直到某供电区域可靠率减小到最小值时为止。②减少对可靠性要求最低的供电区域可靠率指标，仍不满足要求时减少对可靠性要求次低的供电区域可靠率指标，依次类推直到满足要求。如果各供电区域可靠率指标均减少到最小值时仍不满足要求，则减小全局供电区域可靠率指标，再重复前述优化过程，直到找到若干组满足要求的分配方案。

3.3.2 目标函数中的指标计算

每种方案均对应一个指标，指标可定义为采取某项措施后到规划水平年前给供电企业带来的直接损失、间接损失和无形损失。

(1)直接损失为采取该项措施，供电企业在规划水平年前的该项措施导致的固定资产折旧、运行维护费用、网损费用等。

(2)间接损失指少供电量损失、电能不合格的赔偿费用等。

(3)无形损失指供电质量不合格、供电可靠性不足等原因给供电企业造成一些负面影响，但没有经济利益流出供电企业，为解决这些负面影响在进行投资决策时，供电企业所愿意付出的最高投资数值。当实际投资高于该值时，供电企业将不再解决该负面影响；当实际投资低于该值时，则采取措施消除该影响。无形损失也可包含给社会造成的损失，但这项损失并不会导致经济利益流出供电企业。

1. 固定资产投资损失的折算

进行固定资产建设是不可逆的，一经投资建成不可回到初始状态，若采用建设某项工程作为对策，该项目建成后将一直延续下去，其费用按财务制度将在其使用年限内摊销。设在第 t 年采用第 j 项对策建设某项工程，该工程总投资及利息支出总计为 B，折旧年限为 M，残值为 C，所规划配电网水平年为 n，则

$$f'_{ij} = \begin{cases} \dfrac{B-C}{M}(n-t), & M > n-t \\ B-C, & M \leqslant n-t \end{cases} \tag{3-18}$$

其中，B、C 均为折现值。

2. 可靠性水平不足造成的损失计算

可靠性是与供电质量有关的一项基本指标。评估配电网可靠性的主要指标

有停电频率、每次停电的持续时间，以及用户在停电时自行供电所付出的代价等。这些指标与各种因素有关，如不同设备的可靠性、线路的长度及负载情况、网络的结构、配电自动化水平、负荷曲线的形状和现有的负荷转供能力等。

停电给不同的用户带来的影响是不同的，不同用户由于停电所遭受的损失有着很大的差别。投资可靠性的估算方法大致有两种，分述如下。

(1)采用项目净费用，即投资、线损、检修及少供电量等项目费用，综合费用总和。计算公式为 $C = \sum (C_i + C_v + C_m + C_0)$，其中 C_i、C_v、C_m、C_0 分别表示投资费用、网损费用、运行和检修费用以及停电费用。项目净费用方法可用于改进可靠性，并对确定投资的数量和时间有指导作用。

(2)确定投资收益比，即以年度为单位计算某个项目有关的总费用。这些费用可以表示为

$$C = C_a + C_m - C_e \tag{3-19}$$

$$C_a = \frac{C_i(p/100)}{1 + p/100} \tag{3-20}$$

其中，C 为总费用；C_a 为一年内为降低少供电量而增加的利息支出；C_m 为网络扩展的运行和检修年度费用；C_e 为降低系统电力和电量损耗的年度费用；C_i 为项目的投资费用；p 为年利率。

设网络建设与改造后每年降低的少供电量用 W 表示，投资收益比的值可定义为 $(C_a + C_m - C_e)/W$，表示一年内降低每千瓦时少供电量所需的单位成本费用，值越小，建设与改造方案可行性越高。

不仅要考虑投资费用、网损费用、运行和检修费用，还要考虑在现有可靠性水平或采取某项工程措施后的可靠性水平条件下，由停电所造成的损失，包括少供电量造成的直接损失、由补偿/赔偿用户而造成的损失，以及停电对企业形象、社会等方面造成的不利影响而产生的当量损失(该损失发生时并不造成实际的经济利益流出供电企业)。少供电量造成的损失计算公式为

$$C_0 = Q_i(1 - \lambda_i) \tag{3-21}$$

其中，Q_i 为第 i 个供电区域年供电量；λ_i 为第 i 个供电区域可靠性指标。

第4章 城乡配电网典型供电模式的构建

4.1 城乡配电网供电模式的构建思路及方法

4.1.1 城乡配电网供电模式构建原则和制定思路

1. 供电模式的构建原则

供电模式的构建，应当遵循系统性、差异性、协调性、适应性、灵活性的原则。

(1)系统性。按照系统化设计思路，以满足各类供电区域的供电可靠性要求为目标，涵盖源-网-荷各个环节，确保各电压等级、各环节的配电网设备配合合理，供电能力充足，负荷转移灵活，电源接入便捷。

(2)差异性。根据各类供电区域不同可靠性目标需求，结合配电网发展情况和特点，差异化地设计不同的典型供电模式，满足各类供电区域的实际配电网建设需求。

(3)协调性。坚持输电网与配电网、配电网与电源接入、配电网与用户接入、一次与二次相协调的规划设计思路，构建各电压等级协调、强简有序、标准统一的典型供电模式，满足各类供电区域的用户可靠供电与电源输送。

(4)适应性。满足经济社会发展安全可靠供电的需求，适应城镇化发展和产业结构调整对配电网的要求，考虑高渗透率分布式电源及规模化电动汽车接入需求。

(5)灵活性。结合不同供电区域的可靠性目标需求，以及各类地区的配电网基本条件，从各组成要素的模块中选择模块组合，形成典型区域供电模式，并具备可扩展能力。

2. 供电模式的制定思路

供电模式通常是针对特定区域、用户或特定电压等级的，因而供电模式的制定也应当从这几方面着手。由于供电模式是针对特定区域的，必然要求与区域的实际情况相适应，也就是要求供电模式需考虑区域发展的差异性，即差异化的发展模式。另外，供电模式应对配电网建设具有引导、规范作用，这就要求供电模式要考虑当前配电网技术的发展方向，体现技术的进步与适用性。

供电模式的编制思路可归纳为：以社会经济发展为基础，以满足供电区域用电需求为立足点，以配电网建设实践及配电网技术发展为依托，根据供电区域或用户的实际，综合考虑负荷、经济、资源、环境、技术等多方面因素，分情况采用适宜的电压等级、合理的配电网结构、合适的设备型式和先进适用的生产管理、用电服务等技术手段，制定具有区域特色的、与当地经济发展水平相适应的区域供电模式或用户供电模式。

不同区域，特别是相邻、相嵌套区域的供电系统是相互影响、相互制约的。考虑这些供电区域的关系、供电系统的相互影响，将各分区的供电模式进行有机组合，即可形成一个包括高、中、低压的完整的全供电区域供电模式。

4.1.2 城乡配电网供电模式的影响因素及构成要素

1. 供电模式的影响因素

供电模式的制定，是为了更好地满足社会经济发展的用电需求，实现配电网安全、可靠、稳定运行，使配电网建设与城乡社会经济发展相协调。

供电模式的制定，需要与区域功能定位、经济发展水平及市政环境建设等相匹配，与区域市政发展规划相协调，兼顾未来配电网发展建设需求，受到多种因素的影响。

1) 区域功能定位

区域的功能主要有居住、工业、公共设施(包括行政办公、商业、体育、医疗、教育科研、文化娱乐及其他公共设施)、农业生产、农副业加工、道路广场、公园绿地等。不同的功能定位，其电力负荷的构成不同，导致负荷性质和用电规律产生差异，对供电可靠性的需求也不尽相同，对供电电源、网络结构、设备选择乃至对市政环境的影响等都提出了不同的要求。

2) 经济发展水平

区域的经济发展水平决定了电力负荷的增长速度，也决定了配电网建设水平。经济发展水平越高，负荷密度越大，电力负荷需求增长越迅速，配电网建设水平无论是对配电网容载比、网架灵活性、供电可靠性还是设备先进性、环境友好性等方面，都有较高要求。

3) 市政环境建设

市政环境建设对变电站选址、线路选型(电缆线路或架空线路)及铺设方式、设备选型(集成化、小型化、免维护)等提出了要求，供电模式的制定中应考虑配电网基础设施建设对市政环境的影响，实现配电网建设与市政环境建设相协调。

2. 供电模式的构成要素

供电模式的构成要素主要有供电电源、电压等级、供电制式、各级配电网结构、供电系统组成单元(线路、变电站、开闭所、环网站、自动化系统等,以下简称供电单元)及装备等部分。由于供电电源(不包括小风电、太阳能等分布式电源)通常属于输电网或电厂,一般情况下供电模式不考虑供电电源。当确定电压等级、供电制式后,供电模式主要包括配电网结构、供电单元和装备三部分内容,如图 4-1 所示。

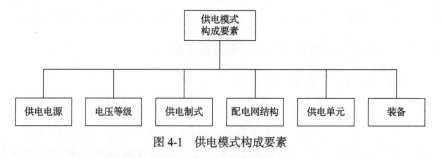

图 4-1　供电模式构成要素

4.1.3　城乡配电网供电模式构建方法

城乡配电网供电模式的构建基于区域供电的思想,从区域供电需求出发,选择相适应的供电模式制定配电网规划方案。

首先按照经济水平、负荷性质、区域功能等对供电区域(含供电分区、子区域)进行划分,并提炼出具有代表性的典型供电区域,实际供电区域可以分解为 1 个或多个典型供电区域。同类型供电区域由于负荷特性、供电需求等各方面与典型供电区域相同或相近,可直接采用典型供电区域的供电模式。

不同供电区域有不同的供电需求,不同的供电需求对供电模式有不同的要求,因此需要对供电区域进行划分和分类,区域划分时应考虑与供电模式适用条件的一致性,以便进行供电模式选择。供电区域划分可以按行政区划、区域功能或地理方位等标准进行划分。划分供电区域之后,可按经济发展水平、负荷水平、负荷性质、电压等级等条件将供电区域进行分类。

完成区域划分和分类后,选择若干个具有代表性的供电区域,制定出该类供电区域的规划设计方案,将其作为同类型供电区域的供电模式。

供电模式的制定主要考虑以下三个方面。

(1)适用条件和范围。该方面主要考虑供电模式适用的经济水平、负荷水平、负荷性质、地理环境等。

(2)典型供电区域的电压等级。根据供电区域负荷水平,按需要的最高电压等级对区域进行分类，并制定该区域最高电压等级配电网的规划方案，该规划方案即为此类区域的典型供电模式。

(3)供电模式的深度。配电网规划方案可包括配电网布局/结构、接线方式、供电单元以及装备等各方面，也可只包括其中一个或几个方面，可根据实际需要确定，较简单的供电模式可以只包括配电网接线方式。为提高供电模式对具体规划方案的指导性，供电模式的深度宜适当向初步设计深度靠拢。

总之，供电模式的构建，以配电网规划理论、规程规范和专家经验、配电网规划建设实践及成熟范式为依托，在电压等级匹配、供电半径优化、配电网布局优化等基础上，对配电网结构、供电单元和装备等供电系统主要组成要素进行优化配置。图 4-2 为供电模式制定方法，图 4-3 为供电模式框架。

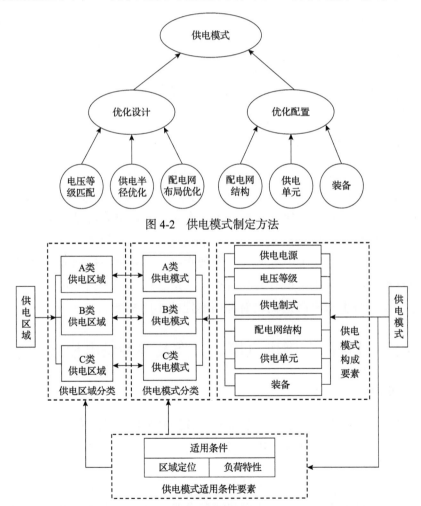

图 4-2　供电模式制定方法

图 4-3　供电模式框架

4.2 城乡配电网供电区域分析

4.2.1 城乡配电网供电区域的典型特点

供电区域是指所需要规划或建设的供电区、供电分区、一个或多个用户所占用的区块。

城乡配电网是向城市和农村供电的各级电压配电网的总称。按照电压等级,可将城乡配电网分为高压配电网、中压配电网和低压配电网。

城乡配电网供电区域具有覆盖面广、用户类型多样、经济发展不均衡、配电网建设需求差异化等特点。

城市配电网的特点是:①深入城市中心地区和居民密集点,负载相对集中;②发展速度快,用户对供电质量要求高;③线路和变电站要考虑占地面积小、容量大、安全可靠、维护量小及城市景观等诸多因素。

农村配电网的特点是:①供电线路长,分布面积广,负载小而分散;②用电季节性强,设备利用率低。

4.2.2 城乡配电网供电区域主要类别及特点

按照经济发展水平,供电区域可分为超前发展型、全面小康型和发展小康型三类。超前发展型有两个层次:一是相对本地发展水平,超过本地村、乡(镇)或县的平均水平,在国内居于前列,可定为超前发展型;二是经济达到中等发达国家的国内生产总值(gross domestic product,GDP)标准。全面小康型有两个层次:一是在国内居于中等或中上发展水平,二是全面达到或超过国家制定的小康标准。发展小康型也有两个层次:一是达到或超过温饱水平、正处于发展中,二是经济上未全面达到政府部门制定的小康标准。

4.3 城乡配电网供电模式分类及典型供电模式框架

4.3.1 供电模式分类

从供电模式的含义出发,供电模式可有三种分类方式:各电压等级的供电模式、用户供电模式和区域供电模式。

1. 按电压等级分类

各类电压的供电模式以电压等级进行分类,可分为高压供电模式、中压供电模式和低压供电模式三种。

2. 按用户性质分类

用户供电模式根据用户性质进行分类,用户主要有四类,分别为特殊用户、一类用户、二类用户和普通用户。相对应地,用户供电模式可分为特殊用户供电模式、一类用户供电模式、二类用户供电模式和普通用户供电模式。

3. 按供电区域分类

我国农村发展极不平衡,地区发展存在较大差异,与之相对应地,农网发展也极不平衡,在配电网结构、装备水平、运行管理等方面均存在较大差异。在配电网规划建设中,需要根据各地经济发展水平、配电网建设水平,制定相适应的配电网建设方案,也就是在实际工作中,从全网范围来看,需要采用差异化的发展模式。

区域供电模式也应与各地经济发展水平、用电水平相适应,坚持不同区域、不同负荷水平、不同负荷性质的差异化。区域供电模式按分类与供电区域分类保持一致,例如,可分为 A、B、C 三类等,如图 4-4 所示。

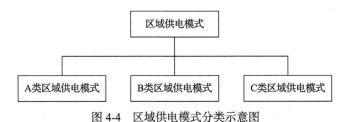

图 4-4　区域供电模式分类示意图

对某区域的供电系统,特别是包括多个电压等级的供电系统而言,供电模式通常又包括两方面:一是纵向的,即包含了从低压一直到本区域的最高电压等级的系统;二是横向的,即仅包含本区域供电系统的某一个电压等级。

4.3.2　典型供电模式框架

供电模式的三种分类方式中,各电压等级的供电模式、用户供电模式是制定区域供电模式的基础,区域供电模式是城乡配电网典型供电模式的核心。城乡配电网典型供电模式体系结构中也应包括各电压等级的供电模式、用户供电模式和区域供电模式三部分。

由于各电压等级的供电模式、用户供电模式是区域供电的基础,为便于识别,将各电压等级的供电模式、用户供电模式统称为基本供电模式。

　　各类区域可由某一级电压进行供电，也可由两个及以上电压等级进行供电。这样，区域供电模式包括两个层次的供电模式。一个是只含有一个电压等级的区域供电模式，即横向供电模式；另一个是包括向该区域供电全部电压等级的供电模式，即纵向供电模式。其中区域横向供电模式是区域纵向供电模式的基础，为便于识别，将只含有一个电压等级的区域供电模式称为区域基本供电模式，而将包括向该区域供电全部电压等级的供电模式称为区域供电模式。

　　区域基本供电模式只包含一个电压等级，可以依据电压等级对区域基本供电模式进行分类，即区域基本供电模式又分为区域低压供电模式、区域中压供电模式和区域高压供电模式。可将区域基本供电模式电压等级界定为该区域供电系统的最高电压等级，例如，针对村只制定低压供电模式，针对县城商业区只制定中压供电模式，针对整个县城只制定高压供电模式等。

　　应当说，制定一个区域纵向供电模式难度较大且可操作性较差，可以只对纵向模式基本要求进行统一阐述，不制定具体的供电模式。

　　区域基本供电模式是指从城乡配电网建设的实际需要出发，考虑配电网现有的技术水平及发展趋势，从国内外配电网建设实践经验中进行提炼和提高，并结合一些理论研究成果，总结出一些在配电网结构、供电单元及装备等方面具有代表性的供电模式，可分为高压基本供电模式、中压基本供电模式、低压基本供电模式及用户基本供电模式，其中用户基本供电模式仅给出用电电压为10kV 或 20kV 用户的供电模式。

　　区域基本供电模式适用条件明确，是各电压等级的基本供电模式及用户基本供电模式的有机组合，因而区域基本供电模式实际上是各电压等级基本供电模式及用户基本供电模式的深化和应用，或者说各电压等级基本供电模式及用户基本供电模式和区域实际相结合形成了区域基本供电模式。

　　区域供电模式则是区域基本供电模式更进一步的应用和深化。

第5章 城乡配电网典型供电单元

5.1 中压配电网典型供电单元

5.1.1 环网柜

环网柜(ring main unit，RMU)是将一组高压开关设备安装于铠装结构柜体内或做成拼接间隔式环网供电单元的电气设备，通过应用现代电子技术与传感技术，将断路器、负荷开关、电流互感器、电压互感器及计量仪表等装置于一体，实现电力系统一、二次侧的集成化和装配模块化。

环网柜可以分合负荷电流、开断短路电流及变压器空载电流，是环网供电和终端供电的重要开关设备。环网柜的作用是连接环网线路，提高线路的供电可靠性，例如实现环网线路合环运行或环网线路负荷转供等，主要使用在城市配电网的终端，配电方式灵活、扩展性好、价格便宜，特别适合在居民小区、高层建筑、公共配电站及箱式变电站使用。

1. 环网柜的分类

环网柜根据气箱结构分为共箱式环网柜与单元式环网柜；根据整体结构分为美式环网柜与欧式环网柜；根据绝缘材料分为固体绝缘环网柜、空气绝缘环网柜与 SF_6 气体绝缘环网柜；根据安装地点是户内还是户外，分为户内环网柜和户外环网柜。

1)空气绝缘环网柜

空气绝缘环网柜，采用特殊处理的干燥空气作为绝缘介质，绝缘、灭弧功能优于 SF_6 气体绝缘环网柜，并且是无污染的绝缘介质。其主开关配用产气式、压气式或真空负荷开关，负荷开关有侧装和正装，操作机构都是正面安装的，该类产品体积较大。主开关如若选用真空负荷开关，由于采用的真空灭弧室只能开断，不能隔离，设计时负荷开关前须再加上一个隔离开关，形成隔离断口，开关的功能才能完备。

空气绝缘环网柜具有以下特点：①运用专用设备将空气单调后冲入开关气箱内部，作为绝缘气体更加环保无污染；②体积小，易安装，至少 20 年免维护；③环网柜高压带电部分全部安装在密封气箱中，气压恒定，运行不受环境限制；④柜体采用模块化设计，预留插件扩展位置；⑤环网柜支持手动电动操作，可以实现智能化操作。

2) SF₆ 气体绝缘环网柜

SF₆ 气体绝缘环网柜将高压带电导体(三工位开关和连接母线等)全部密封在充低压力 SF₆ 气体的不锈钢壳体中，以 SF₆ 气体作为绝缘与灭弧介质。由于采用了不锈钢外壳，不但强度好、防腐能力强、散热性能好而且可靠接地，能最大限度地保证人身安全。为了方便维护与更换，操作机构与高压限流熔断器则置于空气中。同时 SF₆ 气体绝缘环网柜还采用了预制式硅橡胶绝缘的电缆终端实现电缆的插接，不仅减小了环网开关的体积，而且提高了安装的方便快捷性和运行维护的安全性。

SF₆ 气体绝缘环网柜具有以下特点：①所有高压带电部件(熔断器除外)全部密封在低压力的 SF₆ 气箱(压力容器)中，不受外界环境影响；②模块化设计，由不同模块组合实现各种主接线，并可根据需要变换组合方式形成多回路开关系统；③采用界面绝缘结构，易于实现高压带电部件的插接以及柜体的扩展；④熔断器脱扣机构位于开关柜前部，更换方便；⑤全屏蔽电缆进出线；⑥可配用高压监视元件，综合数字式继电器；⑦可配高压计量柜。

3) 固体绝缘环网柜

固体绝缘环网柜彻底取消了压力容器的应用，开关本体的内绝缘与灭弧采用真空介质，外绝缘采用绝缘筒固化开关部件，由封闭母线连接各个回路。绝缘筒采用固封极柱技术，将真空灭弧室、主导电回路和绝缘支撑等有机结合为一体，实现全绝缘、全密封和免维护结构。绝缘筒采用环氧树脂材料制成，母线采用硅橡胶材料进行封装。这种结构由于隔绝了空气、水汽、灰尘及冷热气源，有效地减缓了电源体的腐蚀。

固体绝缘环网柜具有以下特点：①高压带电部件全部被环氧树脂套筒和硅橡胶封闭母线包裹，实现全绝缘全密封结构；②开关设备配有隔离设施，开关工作位置通过面板上视察窗可直接观察；③真空开关外绝缘采用固封极柱技术，适应于室外运行；④单元模块化结构设计，更换维修方便；⑤分相绝缘，相间绝缘性能好；⑥箱体表面无紧固件可供拆卸，防盗性好；⑦以插接式电缆终端作为进出线，无裸露带电部件存在；⑧取消了 SF₆ 气箱，使用环境进一步拓宽，可用于低温、高温、高原和低洼等场所，产品无需特殊设计；⑨取消了SF₆ 气体的使用，产品绿色环保。

2. 环网柜的基本组成

环网柜由一般由开关室、熔断器室、操动机构室和电缆室(底架)四部分组成。

(1)开关室由密封在金属壳体内的各个功能回路(包括接地开关和负荷开关)及其回路间的母线等组成。每一个功能回路包括一台负荷开关和接地开关。负荷开关是由垂直运动的动触头系统和位于下端的静触头组成,开关合闸时,动触头向下运动,负荷开关接通。接地开关由动触刀和静触刀组成,在弹簧运动过程中,接地开关快速接通。开关室上部和后部开有四个长方形装配工艺孔,环网柜的正面装有观察窗,可看到接地开关的"分""合"位置。在环网柜的后部装有防爆装置。

(2)熔断器室与负荷开关室构成变压器保护回路,高压限流熔断器装于环氧浇注的绝缘壳体内,熔断器熔断后,弹出撞针,负荷开关分闸。

(3)操动机构室位于环网柜正面,在每个功能回路中,负荷开关配有人力(或电动)储能弹簧操纵机构,接地开关配有人力储能弹簧操纵机构,面板上有分别用于负荷开关合闸操作和手动分闸旋转钮及接地开关的分、合闸操作孔,负荷开关分、合闸位置指示灯和电动分、合闸按钮,并设有模拟线、开关状态显示牌及加锁位置,负荷开关和接地开关的操作具有联锁装置,以防止误操作。

(4)电缆室是为了方便电缆连接,充裕的空间可以用来安装避雷器、电压互感器、电流互感器等元器件。

5.1.2　配电终端

配电终端全称是配电自动化终端,是指安装在配电网的各类远方监测、控制单元的总称,主要完成数据采集、控制、通信等功能。

配电终端是配电自动化系统的重要组成部分,位于基础层。配电自动化系统的实时数据、故障自动处理的判据、开关设备的运行工况等数据都来源于配电终端,故障隔离、负荷转移、恢复非故障区段的供电、对馈线上开关的分合操作都是通过配电终端去执行,配电终端工作的可靠性、实时性直接影响整个配电自动化系统的可靠性和实时性。一个配电系统只能有一个主站,而配电终端少则有几十台,多则几百台甚至上千台。

1. 配电终端的特点

1)具有故障自动检测与识别功能

配电终端不仅能够在系统正常情况下监测配电网馈线运行工况,更主要的是在馈线故障情况下能够快速、可靠地捕捉故障信号,判断发生故障的类型,为配电自动化系统进行故障处理提供准确、可靠的判据。

2) 需要配置可靠的不间断电源

配电终端应用场合特殊，尤其在架空线柱上或户外环网柜上安装时，配备不间断电源十分重要。在故障自动处理过程中，当配电自动化系统的馈线环路出现永久性故障时，环路出线开关保护动作跳闸，导致馈线全线停电，这时配电终端、通信设备、一次设备开关的操作都要求不间断电源供电。因此，提供可靠的不间断电源是配电终端开发设计中首要考虑的问题。

3) 支持多种通信方式和通信协议

配电终端是配电自动化系统的基本控制单元。配电终端对上与配电子站或主站进行通信，将终端采集的实时信息上报，同时接收子站/主站下达的各种控制命令；对下与附近的配电变压器通信，配电变压器的信息传送到子站或主站。配电终端内部的通信，例如，环网柜或开闭所的配电终端采用分散式设计，分散的监控单元与通信控制单元间需要通信，配电终端与站内或开关设备等其他智能控制单元间也需要通信。因此，对配电终端通信功能要求比较严格，无论是通信方式、通信协议还是通信接口都要满足配电自动化的要求。

4) 具有远程维护诊断和自诊断功能

配电终端安装在柱上或户外这一特定环境，而且数量庞大，不可能靠人工维护，要求终端本身具有完备的自诊断、自恢复能力，同时具有远方维护功能，包括远方参数整定、远方下载、远方诊断等。

2. 配电终端的分类

配电终端按照应用场合可分为馈线终端（feeder terminal unit，FTU）、站所终端、配电变压器终端（transformer terminal unit，TTU）和故障指示器。

1) 馈线终端

馈线终端是指安装在配电网架空线路杆塔等处的配电终端，对架空线路柱上开关进行监控，完成遥信、遥测、遥控、故障监测，可与配电自动化主站通信，提供配电网系统运行情况和各种参数，即监测控制所需信息，包括开关状态、电能参数、相间故障、接地故障以及故障时的参数，并执行配电主站下发的命令，对配电设备进行调节和控制，实现故障定位、故障隔离和非故障区域供电恢复等功能。

按照功能分为"三遥"终端和"二遥"终端，其中"二遥"终端又可分为基本型终端、标准型终端和动作型终端。"二遥"是指遥信、遥测，"二遥"终端具有故障信息上报（也可有开关状态遥信）和电流遥测功能，不具备遥控功能，相应的开关不必具有电动操作机构。"三遥"是指遥信、遥测、遥控，"三遥"终端具有遥测、遥信、遥控和故障信息上报功能，要求所控制的开关具有电动操作机构。

2）站所终端

站所终端是指安装在配电网开关站、配电室、环网柜、箱式变电站等处的配电终端，主要用来采集配电网实时运行数据并上传给配电自动化系统主站，使上级主站系统能随时监视配电网运行情况并做出正确的决策，同时可以通过主站系统对配电网设备进行遥控操作。

按照功能分为"三遥"终端和"二遥"终端，其中"二遥"终端又可分为标准型终端和动作型终端。

3）配电变压器终端

配电变压器终端是指安装在配电变压器处的配电终端，主要用于监测配电变压器的运行工况，包括电压、电流、功率、频率、电量、谐波、停电事件等运行参数，具有无功补偿、配电变压器低压断路器、剩余电流动作保护器的控制等功能。

4）故障指示器

故障指示器是指安装在配电线路（架空线路、电缆线路或开关柜母排）上指示配电线路故障的一种监测装置。配电线路故障指示器可根据配电线路电流变化和电场变化，快速、精确地查找出故障所在区段，并通过通信终端将相关数据上传至主站。运维人员根据故障信号迅速定位故障区段、隔离故障点、及时恢复非故障区域供电，缩短故障巡视时间，节约人力物力，缩短停电时间，减小停电范围，提高供电可靠性。

根据故障指示器实现的功能可分为短路故障指示器和单相接地故障指示器。

3. 配电终端的配置原则

配电自动化建设应结合当地经济发展水平、用户的可靠性需求等因素考虑，而不是盲目开展自动化配置建设。配电自动化建设应结合供电区域具体的情况，有计划地分阶段实施。不同供电区域在不同发展阶段中，对供电可靠性的需求不一。因此，配电自动化终端配置应该满足不同供电区域对供电可靠性的不同需求。

根据配电网规划和供电可靠性需求，按照经济适用的原则，应差异化配置配电终端，并合理控制"三遥"节点配置比例。

（1）对网架中的关键性节点，如主干线开关、联络开关、进出线较多的开关站、环网单元和配电室，应配置"三遥"终端；对一般性节点，如分支开关、无联络的末端站室，应配置"二遥"终端。

(2)配电变压器终端宜与营销用电信息采集系统共用。

4. 配电终端的典型配置

1)全部安装"三遥"终端模块的模式

全部安装"三遥"终端模块的模式不仅要求终端具有"三遥"功能，还需要为开关加装电动操作机构以及建设光纤通信通道，自动化程度较高，但是建设费用也较高，一般只有大型城市中负荷密度很高的核心区域才会采用。

2)全部安装"二遥"终端模块的模式

在全部安装"二遥"终端模块的模式下，终端只要具有"二遥"功能即可，不需要改造开关，通信通道可采用通用分组无线服务技术，建设费用低，但是只能定位故障区域而不能自动隔离故障和恢复健全区域供电，需要人工到现场进行操作，因此可恢复的健全区域受故障影响的停电时间较长，一般适用于小型城市或县城。

3)"三遥"与"二遥"终端模块结合的模式

"三遥"与"二遥"终端模块结合的模式的自动化程度适中，建设费用也适中，比较适合广大中型城市或大城市外围区域配电自动化系统建设。

5.1.3 无功补偿

1. 中压配电网无功补偿模式

中压配电网无功补偿主要指 10kV 配电线路补偿和配电变压器低压侧集中补偿。线路补偿主要补偿线路上感性电抗所消耗的无功功率和配电变压器励磁无功功率损耗。配电变压器低压补偿主要是在配电变压器低压侧安装补偿装置，实现低压配电网就地无功平衡。

1)模式 1：配电变压器低压侧集中补偿+中压线路补偿

对线路长、负荷重、功率因数低的 10kV 馈线，采用公用配电变压器低压侧集中补偿与中压线路补偿相结合的方式。配电变压器低压侧集中补偿可使低压台区实现分层、分区就地平衡，中压线路补偿用于补偿线路无功基荷和未进行无功补偿的配电变压器空载损耗部分。

2)模式 2：配电变压器低压侧集中补偿

对线路较短、负荷较轻(正常情况下，不大于线路经济电流密度)的 10kV 馈线，不必进行线路补偿，可只在配电变压器低压侧进行集中无功补偿，主要补偿配电变压器消耗的无功功率，实现低压台区就地无功平衡，有效减少配电变压器和配电线路的损耗。对配电变压器逐台补偿，会使补偿总容量加大，增加补偿装置的总投资。

3）模式 3：中压线路补偿

对线路较长、负荷轻且较为集中的中压馈线，可只进行线路补偿，而不必对每台配电变压器进行无功补偿。若采用手动投切的并联电容器组固定补偿方式，补偿容量可取补偿点后所有配电变压器空载损耗总和。该补偿模式不能减少传送用户功率而引起的配电变压器损耗，与逐台配电变压器装设无功补偿装置相比总投资少，维护工作量小。

4）模式 4：无功补偿+滤波

电力系统中的主要谐波源有变流器、电弧炉、电石炉、电气化铁道等，对厂矿、大型企业、铁路等容易产生谐波污染的高压用户的专用变压器以及含谐波源较多的配电台区，可在相应变压器低压侧直接装设带有滤波单元的无功补偿装置，补偿变压器的无功损耗，改善用户端功率因数，同时可兼顾调压以及谐波治理。

2. 中压配电网无功补偿容量配置

（1）配电变压器低压集中补偿容量可按配电变压器最大负载率 75%、负荷自然功率因数 0.85 进行无功优化计算确定，补偿容量一般在配电变压器容量的20%～40%。

（2）容量配置应使重负荷时功率因数提高到 0.95 以上，工厂、车间等专用变压器可根据提高的功率因数确定无功补偿装置容量：

$$Q_C = P_{av}\left(\sqrt{\frac{1}{\cos^2\varphi_1} - 1} - \sqrt{\frac{1}{\cos^2\varphi_2} - 1}\right) \tag{5-1}$$

其中，Q_C 为补偿容量（kvar）；P_{av} 为最大负荷月平均有功功率（kW）；$\cos\varphi_1$ 为补偿前的功率因数；$\cos\varphi_2$ 为补偿后要达到的功率因数。

（3）配电线路负荷分布一般不规则，可简化成简单的几类线路，线路补偿点以一处为宜，一般不超过两处，每个补偿点的容量不宜过高（线路负荷不太大时固定补偿一般不超过 100～150kvar），容量选择依据局部配电网中配电变压器的空载损耗和无功基荷部分。在无法进行无功补偿模拟分析的情况下，线路补偿容量可近似确定为

$$Q_C = (0.95 \sim 0.98)I_0\%\sum_{i=1}^{n}S_{ei}\times10^{-2} \tag{5-2}$$

其中，Q_C 为补偿容量（kvar）；$I_0\%$ 为中压线路所有配电变压器空载电流百分数的加权平均值；S_{ei} 为第 i 台变压器的容量（kV·A）；n 为配电线路装接的配电变压器数量。

（4）对于以电缆为主的中压线路，且所接变电站母线电容电流较大或消弧线圈处于欠补偿状态时，应尽量避免采用线路补偿，以配电变压器低压侧集中补偿为主，防止中压线路单相接地时，电容电流过大，产生过电压。

5.1.4　配电自动化

按功能及配置进行划分，配电自动化系统建设可分为五种模式，各种模式的功能对照见表 5-1。

表 5-1　各种配电自动化系统的功能对照表

功能		配电网故障指示系统	配电网信息系统	无主站馈线自动化系统	基于主站的配电自动化系统	一体化县调/配电综合自动化系统
故障处理	故障指示	有	可选	无	可选	可选
	故障信息上报	可选	有	无	有	有
	故障处理	无	无	自动	有	有
配电网正常监控	遥信	可选	有	可选	有	有
	遥测	可选	有	可选	有	有
	遥控	无	无	可选	有	有
	对时	可选	无	可选	有	有
	事件顺序记录	可选	无	可选	有	有
变电站监控	遥信	无	无	无	监视进线	有
	遥测	无	无	无	监视进线	有
	遥控	无	无	无	可选控进线开关	有
	遥调	无	无	无	无	有
	电度	无	无	无	监视进线	有
	对时	无	无	无	无	有
	事件顺序记录	无	无	无	监视进线	有
其他	Web 浏览	无	无	无	可选	可选
	地理信息系统	无	无	无	可选	可选
	高级应用	无	无	无	可选	可选

1. 配电网故障指示系统

配电网故障指示系统即通过安装故障指示器、故障报警器等装置，在配电线路发生故障时，相关人员通过人工巡视或根据上报的故障信息，确定故障区域的系统。该系统仅仅在故障时起作用。

2. 配电网信息系统

配电网信息系统即通过安装数据采集终端设备和主站计算机系统，并借助通信手段，在配电网正常运行或发生故障时，向主站上报相关信息的系统。

3. 无主站馈线自动化系统

无主站馈线自动化系统即不需要主站，通过自动化开关设备相互配合或采用"面保护"等措施，在配电线路发生故障时，实现故障区域自动判断和隔离并自动恢复受故障影响的健全区域供电的系统。

无主站馈线自动化系统一般分为两种典型模式，即基于自动化开关设备相互配合馈线自动化模式和"面保护"模式，其中基于自动化开关设备相互配合馈线自动化模式有重合器和重合器配合模式、重合器和电压-时间型分段器配合模式、重合器和过流脉冲计数型分段器配合模式以及"合闸速断"模式四种。

4. 基于主站的配电自动化系统

基于主站的配电自动化系统由终端采集设备线变组、主站系统和通信系统三部分组成。该系统在配电网正常运行时，实时监视配电网的运行情况并进行远程控制（遥控）；在配电网发生故障时，自动判断故障区域并通过遥控隔离故障区域和恢复受故障影响的健全区域供电的系统。

基于主站的配电自动化系统的监控对象主要包括中压馈线开关、中压开闭所、配电网进线和重要配电变压器等。基于主站的配电自动化系统一般采用分层集结的策略，三个层次如图 5-1 所示。

第一层为现场设备层，主要由 FTU 线变组、环网柜/箱式变终端（统称 DTU）线变组、TTU 线变组和远动终端（remote terminal unit，RTU）线变组等构成，这些设备统称为配电自动化终端设备。

第二层为区域集结层。以变电站或重要配电开闭所为中心，将配电网划分成若干区域，在各区域中心设置配电子站，用于集结所在区域内大量分散的配电终端设备，如馈线终端线变组和配电变压器终端线变组等的信息。

第三层为配电自动化主站，一般配备基于交换式以太网的中档配电自动化

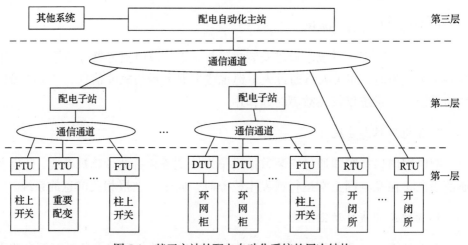

图 5-1　基于主站的配电自动化系统的层次结构

后台系统，有时还可配置配电地理信息系统和网络浏览器等，一般还要考虑和县调或集控站等自动化系统互连以获得配电网进线数据。

由于配电网比较密集，一般采用混合通信手段，并且尽量利用主变电站到供电局以及供电分局到供电局的已有通道，构成城区配电自动化系统的通信网络。

5. 一体化县调/配电综合自动化系统

主站采用同一平台和同一数据库，安装数据采集终端设备并借助通信手段，实时监视变电站和配电馈线开关的运行情况并进行远程控制；在发生故障时，自动判断故障区域并通过遥控隔离故障区域和恢复受故障影响的健全区域供电的系统。

一体化县调/配电综合自动化系统采用统一的平台、统一的数据处理模块和数据服务模块，建立并维护同一个数据库；人机界面模块包括数据采集与监视控制模块、地理信息模块和高级应用模块，将数据处理模块和数据服务模块加工后的数据以较好的方式展现给用户，并处理用户的输入操作命令；通过数据软总线建立数据处理模块和数据服务模块与人机界面模块间的联系。

5.1.5　开关电器

中压配电网中的开关电器主要包括负荷开关、隔离开关、接地开关、断路器、熔断器、接触器、重合器、分段器等。

1. 开关电器的主要功能

(1)控制功能：在正常工作情况下可靠接通或断开电路。

主要设备：负荷开关、断路器、接触器、重合器、分段器。

(2)保护功能：在系统发生故障时迅速切除故障部分，以保证非故障部分的正常运行。

主要设备：断路器、重合器、熔断器。

(3)隔离功能：在设备检修时隔离带电部分以保证工作人员的人身安全。

主要设备：隔离开关、接地开关。

2. 开关电器主要类型及功能

1)负荷开关

负荷开关是介于断路器和隔离开关之间的一种开关电器，具有简单的灭弧装置，在 10kV 供电系统，尤其是在城市配电网中得到广泛应用。负荷开关可以作为独立的设备使用，也可以作为主要元件安装于环网柜等设备中。负荷开关可以进行手动或电动操作，也可以进行智能化控制，能切断额定负荷电流和一定的过载电流，但不能切断短路电流，其使用寿命与其开断电流值和灭弧介质及灭弧方式有关。

2)隔离开关

隔离开关是一种主要用于隔离电源、倒闸操作、连通和切断小电流电路，无灭弧功能的开关电器。隔离开关在"分"位置时，触头间有符合规定要求的绝缘距离和明显的断开标志；在"合"位置时，能承载正常回路条件下的电流及在规定时间内异常条件(如短路)下的电流。隔离开关的主要特点是无灭弧能力，只能在没有负荷电流的情况下分、合电路。断路器的两侧均应配置隔离开关，以便在断路器检修时形成明显的断口与电源隔离。

3)接地开关

接地开关是指释放被检修设备和回路的静电以及为保证停电检修时检修人员人身安全的一种机械接地装置。它可以在异常情况下(如短路)耐受一定时间的电流，但在正常情况下不通过负荷电流。接地开关需要关合短路电流，必须具备一定的短路关合能力和动热稳定性；但它不需要开断负荷电流和短路电流，故没有灭弧装置。接地开关和隔离开关经常被组合成一台装置使用。此时，隔离开关除了具有主触头外，还带有接地开关以用于在分闸后将隔离开关的一端接地。

4）断路器

断路器是一种用于接通、分断电路和保护电路的开关装置，是发电厂及变电站的重要开关设备。断路器具有完善的灭弧装置，正常运行时，用来接通和开断负荷电流，在某些电气主接线中，还担任改变主接线运行方式的任务；故障时，依靠继电保护装置启动断路器，迅速断开故障短路电流，隔离故障点，从而保证其他回路不中断运行。

按照灭弧介质，断路器可分为油断路器（少油及多油断路器）、空气断路器、真空断路器及 SF_6 断路器等。

5）熔断器

熔断器是一种过电流保护器，当电流超过规定值一段时间后，以其自身产生的热量使熔体熔断，从而使电路断开。使用时，将熔断器串联于被保护电路中，当被保护电路的电流超过规定值，并经过一定时间后，由熔体自身产生的热量熔断熔体，使电路断开，从而起到保护的作用。

6）接触器

接触器是一种可快速切断交流与直流主回路且可频繁地接通与关断大电流（可达 800A）控制电路的装置。接触器经常运用于电动机，可作为控制对象，也可用作控制工厂设备、电热器、电力机组等负载。

7）重合器

重合器是用于配电自动化的一种智能化开关设备，它能够检测故障电流、在给定时间内断开故障电流并能进行给定次数重合的一种有"自具"能力的控制开关。"自具"是指重合器本身具有故障电流检测和操作顺序控制与执行的能力，可按预先整定的动作顺序进行多次分、合闸的循环操作，无须附加继电保护装置和另外的操作电源，也不需要与外界通信。

当线路发生短路故障时，它按顺序及时间间隔进行开断及重合的操作。当遇到永久性故障时，在完成预定的操作顺序后，若重合失败，则闭锁在分闸状态，把事故区段隔开；当故障排除后，需手动复位才能解除闭锁。如果是瞬时性故障，则在循环分、合闸的操作中，无论哪次重合成功，则终止后续的分、合闸动作，并经一定延时后恢复初始的整定状态，为下次故障的来临做好准备。

重合器可用于 10kV 配电系统主干线、分支线及环网线路上，取代一般断路器，集开关、保护、控制为一体，高度智能化，自动化程度也有所提高，还可实现双回路及多回路自动重合器环网供电，对于长线路可实现分段延时供电。重合器还适合于在农村简易化变电站馈出开关以及线路上安装，实施重合器与重合器、重合器与分段器配合动作，当线路发生故障时，可自动进行多次开断和重合控制，显著提高供电可靠性。

8) 分段器

分段器是一种与电源侧前级开关配合，在失压或无电流的情况下自动分闸，隔离故障区段的自动开关设备。分段器可具有关合短路电流（自动重关合功能）及开断、关合负荷电流的能力，但无开断短路电流的能力。

分段器与重合器相配合，串联于重合器负荷侧，当线路发生永久性故障时，分段器在预定次数的分合操作后闭锁于分闸状态，从而达到隔离故障区段的目的，若分段器未完成预定次数的分合操作，故障被其他设备切除了，则其将保持合闸状态，并经一段延时后恢复到预先的整定状态，为下一次故障做好准备；当线路发生瞬时性故障时，分段器在电源侧的重合器合闸后，仍保持合闸状态。

5.1.6　通信

配电通信网是电力通信网的重要组成部分。配电通信网主要与配电自动化系统配套建设，采用电力线载波、以太网无源光网络、光纤通信、无线公网、无线专网等多种通信方式。

1. 电力线载波

电力线载波通信是电力系统特有的通信方式，利用电力线缆作为传输介质，通过载波方式传输语音和数据信号，具有可靠性高、抗破坏能力强、不需要另外架设通信线路的特点。电力线载波最大的应用特点是无须架设网络模式，只需要使用电力线就能实现数据传递。由于电力线载波技术的变化模式较为复杂，在实际应用过程中需要配合调制编码技术才能有效提高信息传输的可靠性。中压电力线载波目前主要为配电自动化系统、远方集中自动抄表系统提供数据传输通道。

2. 以太网无源光网络

无源光网络（passive optical network，PON）是一种点到多点结构的单纤双向光接入网络，由系统侧的光线路终端（optical line terminal，OLT）、光分配网络（optical distribution network，ODN）和用户侧的光网络单元（optical network unit，ONU）组成。

以太网无源光网络（ethernet passive optical network，EPON）在物理层采用了 PON 技术，在链路层使用以太网协议。利用 PON 的拓扑结构实现了以太网的接入。

在配电网中应用 EPON 技术实现光纤实时性接入，配合局端 OLT 设备和多个用户端设备，维持光分配网连接网络应用的规范性。这种技术体系最大的优势在于能打造组网灵活度较高、网络应用模式较为简单的稳定性主干光纤体系，在满足业务需求的同时实现技术应用目标。

3. 光纤通信

光纤通信是以光波作为信息载体，以光导纤维作为传输介质的通信方式。目前光纤通信技术已经成熟，并且在电力系统中应用广泛。

光纤通信的优点是：①传输频带很宽，通信容量大；②传输衰耗小，适合于长距离传输；③体积小，重量轻，可绕性强，敷设方便；④输入与输出间电隔离，不怕电磁干扰；⑤保密性好，无漏信号和串音干扰；⑥抗腐蚀，抗酸碱，且光缆可直埋地下。光纤通信系统较其他通信方式的显著优越之处在于它对电磁干扰不敏感，这对于电力系统应用尤为重要，因为故障、雷电和开关变位所引起的电磁干扰将不会影响光纤通信系统工作。

4. 无线公网

目前电网常用的两种公网无线通信方式，即中国移动的通用分组无线业务(general packet radio service，GPRS)和中国联通的宽带码分多址(wideband code division multiple access，WCDMA)。以中国移动的 GPRS 为例，它是一种基于全球移动通信系统(global system for mobile communications，GSM)的无线分组交换技术，提供端对端广域的无线口连接，具有永远在线、快速登录、高速传输、直接支持传输控制协议/互联网协议(transmission control protocol/internet protocol，TCP/IP)等特点。但无线公网通信系统存在受到攻击和破坏的风险，且其通道稳定性略差，会出现信号短暂断线现象，造成部分数据漏传，对于实时性及可靠性要求较高的业务传输影响较大。

5. 无线专网

在大力发展智能电网的背景下，通信多元化发展在不同的应用场景下可发挥各自的技术优势。电力无线专网作为电力通信网的有利补充，将解决有线通信建设难度大和 GPRS 等无线公网通信存在安全隐患的问题，为电网智能化向末端配电网进一步延伸提供了可能。

电力无线专网是根据智能电网终端通信接入网需求，与电力专用 230MHz 频谱有机结合，基于离散窄带多频点聚合、动态频谱感知、软件无线电等关键技术，深度定制开发的宽带无线接入系统。电力无线专网具有高带宽、容量大、频谱效率高、安全性高等优势，能够承载信息采集、实时图像监控、应急抢险等多项智能业务。

5.1.7　监测

电压传感器和电流传感器是中压配电网中重要的监测设备。

1. 电压传感器

电压传感器是指能感受被测电压并将其转换成可用输出信号的传感器。电压传感器的作用是自动检测电压，从而使我们能够对设备或系统的电压进行控制和显示，必要时采取过电压、欠电压等自动保护措施。

常用的电压传感器根据不同的工作机理和应用范围大致可以分为电压互感器、霍尔电压传感器及光纤电压传感器等几种主要类型。

1) 电压互感器

随着电力系统容量的日益扩大和电网电压运行等级的不断提高，电压互感器已经成为电力系统中电能计量和继电保护的重要设备之一，其测量精度及可靠性对电力系统的安全、稳定和经济运行有着重要的影响。

电压互感器安装在电力系统中一次与二次电气回路之间，其主要功能就是按照一定的比例将输电线路上的高电压降低到可以用仪表直接测量的标准数值，以便电压测量仪表直接进行测量；电压互感器除用作测量外，还可与继电保护和自动装置配合，对电网各种故障进行电气保护和自动控制。电压互感器还可以实现一、二次系统的电气隔离。

2) 霍尔电压传感器

霍尔电压传感器是当今电子测量领域中应用最多的传感器件之一，可广泛应用于电力、电子、交流变频调速、逆变装置、电子测量和开关电源等诸多领域。霍尔电压传感器是一种能够隔离主电流回路与电子控制电路的电压检测元件，具备优越的电性能，同一个检测元件既可以检测交流，也可以检测直流，甚至可以检测瞬态电压峰值，是有望替代传统互感器的新一代产品。

3) 光纤电压传感器

光纤电压传感器是新一代具有极强的生命力和竞争力的电压检测装置。光纤电压传感器主要由光源、传感头、光电转换及信息处理电路、计算机采集系统组成。光纤电压传感器采用非金属晶体作为传感头，光纤作为传感介质，使电网与测量电路能有效隔离，从而避免二次短路的危险。光纤电压传感器由于其传感机理，具有不存在磁饱和、准确度高等优点；利用光纤传递信息，抗干扰能力强，还能起到测量回路和高压回路电气隔离的作用，因而绝缘结构比传统互感器简单，并能减小体积、质量，有着传统电磁式互感器无法比拟的优点。

2. 电流传感器

电流传感器是一种电流检测装置，能感受到被测电流的信息，并能将感受到的信息按一定规律变换成符合一定标准需要的电信号或其他所需形式的信息输出，以满足信息的传输、处理、存储、显示、记录和控制等要求。

电流传感器依据测量原理不同，又可分为电磁式电流互感器和电子式电流互感器。

电磁式电流互感器是指根据电磁感应原理实现电流变换的电流互感器。一次线圈串联于被测电流线路中，二次线圈串接电流测量设备，一、二次线圈绕在同一铁芯上，通过铁芯的磁耦合实现一、二次侧之间的电流传感过程。一、二次侧线圈之间以及线圈与被测铁芯之间要采取一定的绝缘措施，以保证一次侧与二次侧之间的电气隔离。根据应用场合以及被测电流大小的不同，通过合理改变一、二次侧线圈匝数比可以将一次侧电流值按比例变换成标准的 1A 或 5A 电流值，用于驱动二次侧电气设备或供测量仪表使用。

电子式电流互感器没有铁芯，暂态性能好，可以实现暂态信号量作为保护判断参量，而且具有优良的绝缘性能。按照原理电子式电流互感器又可分为光学电流互感器、空心线圈电流互感器和铁芯线圈式低功率电流互感器。

(1)光学电流互感器采用光学器件作为被测电流传感器，光学器件由光学玻璃、全光纤等构成。传输系统用光纤，输出电压大小正比于被测电流大小。根据被测电流调制的光波物理特征，可将光波调制分为强度调制、波长调制、相位调制和偏振调制等。光学电流互感器高压侧不需要电源供电。

(2)空心线圈电流互感器又称为 Rogowski 线圈式电流互感器，基于传统电流传感原理，采用有源器件调制技术，经过光纤将高压侧转换得到的光信号传送到低压侧解调处理得到被测电流信号。空心线圈电流互感器高压侧需要电源，又称有源式电流互感器。空心线圈往往由漆包线均匀绕制在环形骨架上制成，骨架采用塑料、陶瓷等非铁磁材料，其相对磁导率与空气的相对磁导率相同，这是空心线圈有别于带铁芯的电流互感器的一个显著特征。

(3)铁芯线圈式低功率电流互感器是传统电磁式电流互感器的一种改进，通过一个分流电阻将二次电流转换成电压输出，实现电流/电压转换，具有低功率输出特性，动态测量范围大；测量和保护可共用一个铁芯线圈式低功率电流互感器，其输出为电压信号。

5.2　低压配电网典型供电单元

5.2.1　配电变压器

1. 配电变压器的分类

配电变压器是配电网的核心设备，按照不同的分类依据，配电变压器可以分为不同的类型，如表 5-2 所示。

表 5-2　配电变压器分类

分类依据	配电变压器类型
相数	三相变压器、单相变压器
绕组	单绕组变压器、双绕组变压器、三绕组变压器
绕组材质	铜线变压器、铝线变压器
铁芯材质	电工钢片变压器、非晶合金变压器
铁芯结构	叠铁芯变压器、卷铁芯变压器
冷却介质	油浸式变压器、干式变压器
调压类型	有载调压变压器、无载调压变压器
性能水平代号(损耗值)	7 型、9 型、11 型、13 型、15 型配电变压器

正常情况下，配电变压器宜采用柱上安装或露天落地安装，厂房、车间、居民生活区的配电变压器，可视具体情况安装在室内。按照配电变压器的安装方式和安装地点，可以将配电变压器分为柱上变、箱变和配电室。

1) 柱上变

柱上变全称柱上变压器，又称台架，是一种安装在电杆上的户外式配电变压器。柱上变一般在负荷较小、城镇郊区等场合应用较多，其优点是投资小，散热好，施工简单；缺点是不美观，噪声较大，运行年限较短，可靠性较低。400kV·A 及以下配电容量适用柱上变。

柱上变的安装方式有单杆式和双杆式两种。变压器、跌落式熔断器和避雷器装在同一根电杆上；变压器高压引下线、低压引上线及母线均采用多股绝缘线。单杆式安装结构简单，组装方便，消耗材料少，占地面积小，适用于安装50kV·A 以下的配电变压器。双杆式由高压线终端电杆和另一根副杆组成，用两根槽钢或角钢搭成安放配电变压器的支架，电杆上安装两层横担，以便安装跌落保险、避雷器和高低压引线。双杆式比单杆式在结构上更为坚固，可安装63～315kV·A 的配电变压器。

2) 箱变

箱变全称是箱式变压器，又称预装式变电站，它是将传统变压器集中设计在箱式壳体中，安装在地面或台基上的一种户外配电变压器。箱变广泛应用于住宅小区、商业中心、机场、厂矿、企业、医院、学校等场所，其优点是占地空间较小，操作便捷，组合方式灵活，运行安全性高，可做景观式；缺点是散热较差、容量有所限制，一般不大于 800kV·A。

箱变并不只是变压器，它相当于一个小型变电站，直接向用户提供电源。箱变包括高压室、变压器室、低压室。高压室就是电源侧，一般是 35kV 或者10kV 进线，包括高压母排、断路器或者熔断器、电压互感器、避雷器等；变压器室里都是变压器，是箱变的主要设备；低压室里面有低压母排、低压断路器、计量装置、避雷器等，从低压母排上引出线路对用户进行供电。

箱变又可分为美式箱变和欧式箱变。

(1) 美式箱变。

美式箱变采用了一体式安装，将变压器器身、高压负荷开关、熔断器等元件一同放在变压器油箱内，因浸在油中，元件体积大为缩小，结构更为紧凑。

美式箱变因为将高压和变压器整合在了一起，所以只有熔断器保护，防止变压器过载被引燃。

美式箱变的优点是具备全绝缘、全密封结构，安装方便灵活，运行安全可靠，操作方便、免维护；其缺点是供电可靠性低，无法增设配电自动化装置，噪声较大。

美式箱变适用于对供电需求较低的多层住宅和其他不重要的建筑物用电，不适用于高层住宅和小高层住宅。

(2) 欧式箱变。

欧式箱变又称户外成套变电站，也称组合式变电站，有独立的高压室、低压室、变压器室。高压室一般由高压负荷开关、高压熔断器和避雷器等组成，可以进行停送电操作并且有过负荷和短路保护；低压室由低压空气开关、电流互感器、电流表、电压表等组成；变压器室一般采用干式变压器；各个功能都由隔板隔开，外面加一个防尘防雨的箱变外壳。

欧式箱变因为有独立的高压室，设计比较灵活，可以根据需求来设计不同的保护方式，如断路器保护、机械联锁等。

欧式箱变的优点是供电可靠性高，各个功能单元独立，可以按照用户需求定制，且噪声和辐射都比较小；其缺点是体积大，不利于安装，对周围的环境布置有一定影响，造价也比同容量美式箱变要高。

欧式箱变适用于多层住宅、小高层、高层住宅、商业办公楼等重要的建筑物。

3）配电室

配电室是指带有低压负荷的室内配电场所，主要为低压用户配送电能，设有中压进线（可有少量出线）、配电变压器和低压配电装置。

低压配电室由进线柜、电容补偿柜、联络柜、出线柜、计量柜等组成。

进线柜是从外部引进电源的开关柜，一般是从上级配电网引入 10kV 电源，进线柜为负荷侧的总开关柜；电容补偿柜的作用是通过无功补偿提高供电系统的功率因数，改善配电网功率因数低下带来的能源浪费；联络柜也叫母线分段柜，是用来连接两段母线的设备，主要用在两个电源、两台变压器的配电系统中，两台变压器的主控柜分别出线到联络柜里面；出线柜是从母线分配电能的开关柜，带下级用电设备。

配电室的优点是安装容量选择范围大，可靠性高，运行年限长，对周边环境影响小，运行维护方便等；其最大的缺点就是投资规模大。

2. 配电变压器的容量选择

配电变压器是配电系统中主要的供电设备，其损耗电量也较大，合理选择配电变压器容量不仅对满足台区内供电需求至关重要，对节能降损也有很大意义，以下给出一些配电变压器容量选择的基本原则和方法。

1）配电变压器容载比选择

《农村电力网规划设计导则》（DL/T 5118—2010）规定：农村配电变压器的容载比可取 1.6～1.9，也可参考式（5-3）进行计算：

$$R_S = K_1 K_4 / (K_2 K_3) \tag{5-3}$$

其中，R_S 为配电变压器容载比；K_1 为负荷分散系数；K_2 为负荷功率因数；K_3 为变压器经济负荷率；K_4 为负荷发展储备系数。

针对农村地区的实际情况，式（5-3）的参数可参照以下原则进行取值。

（1）K_1 是负荷分散系数，与负荷的分散程度有关，负荷越分散 K_1 越大，与同时率的倒数等价。

（2）K_2 为配电变压器的负荷功率因数，可取 0.85～0.95。

(3) K_3 为变压器相对年最大负荷的经济负荷率。不考虑低压系统时变压器的年均负荷的经济负荷率为 36%～37%；考虑低压系统时变压器的年均负荷的经济负荷率为 28%～34%。

当年最大负荷利用小时数为 3500h，折合到年最大负荷的经济负荷率 K_3 如下选取：①不考虑低压系统时为 0.9～0.925；②考虑低压系统时为 0.7～0.85。

当年最大负荷利用小时数为 2500h，折合到年最大负荷的经济负荷率 K_3 如下选取：①不考虑低压系统时为 1.26～1.3；②考虑低压系统时为 0.98～1.19。K_3 大于 1 表明按年均负荷时线损最小选取配电变压器容量，最大负荷时配电变压器将过载。因此，在以年均负荷时线损最小选取配电变压器容量且 K_3 大于 1 时，为保证最大负荷时配电变压器不过载，配电变压器容量需乘以 K_3。

(4) K_4 为负荷发展储备系数，可取为 1.2～1.35。

2) 配电变压器容量选择

按以下原则和方法选取配电变压器容量。

(1) 预测年均负荷密度及年最大负荷密度。年均负荷密度及年最大负荷密度计算公式为

$$年均负荷密度 = \frac{供电区年用电量}{8760 \times 供电区面积} \tag{5-4}$$

$$年最大负荷密度 = \frac{供电区年用电量}{年最大负荷利用小时数 \times 供电区面积} \tag{5-5}$$

(2) 根据年均负荷密度，计算出年均负荷，然后结合年最大负荷利用小时数计算出年最大负荷。

(3) 将计算得到的年最大负荷乘以容载比，记为 S，取距 S 最近又不小于 S 的容量 S_N 为所选配电变压器容量。

(4) 当 S_N 较大时，可将 S_N 分为若干台额定容量小于 S_N 的配电变压器，分解后的配电变压器容量之和不小于 S。

3. 配电变压器的保护

配电变压器高压侧保护一般采用跌落式开关，也有采用带熔断器负荷开关做控制和保护。低压侧的保护采用低压熔断器（主要保护变压器过载或短路故障）和低压自动空气开关（带瞬时脱扣器用来进行短路保护，带热脱扣器和长延时脱扣器用来进行变压器的过负荷保护）。

1) 跌落式熔断器

跌落式熔断器具有熔断器和开关双重作用。它既能在变压器内部故障时，使故障设备脱离系统，又可用来投切变压器。当跌落式熔断器通过的电流超过熔丝的规定值时，熔丝熔断，熔管自动落下来，既能防止事故又能给人以明显的标志。

2) 低压侧熔断器

配电变压器低压侧总过流保护熔断器的额定电流，应大于变压器低压侧额定电流，一般是额定电流的 1.5 倍。

配电变压器低压侧出线回路熔断器的额定电流应小于上级熔断器的额定电流，但不应小于自身熔体额定电流的 1.2 倍。熔体的额定电流按正常最大负荷来选择，即额定电流应大于正常运行时回路中可能出现的最大负荷电流，应能躲过回路中电动机启动时所出现的尖峰电流。

5.2.2　低压线路

低压线路包括低压架空裸导线、低压架空绝缘线路、低压电缆线路和室内配电线路，用于直接向低压用电设备输送电能，是低压配电系统的重要组成部分。低压线路可以从公用低压配电网接入，通过低压配电室引出；也可以由用户自备的配电室的低压配电装置引出。

1. 供电制式

按照供电制式，低压线路可以分为单相两线制、单相三线制、三相三线制和三相四线制。

单相两线制由一根相线和一根中性线向单相用户供电。

单相三线制由两根相线和一根中性线组成，两根相线间的电压是相与中性线电压的 2 倍，中性线与其中一根相线向单相用户供电。

单相两线制和单相三线制均采用单相变作为电源，高压侧线路按两线架设，低压线路按照两线或三线架设。

三相三线制由三根相线组成，向三相用户供电。

三相四线制由三根相线和一根中性线组成，可以由一根相线和中性线向单相用户供电，也可由三根相线向三相用户供电，适用于单相负荷、三相负荷以及单、三相混合负荷供电。

三相三线制和三相四线制均采用三相变作为电源，高压侧线路按三线架设，低压线路按照三线或四线架设。

2. 导线选型

低压线路可视具体情况选择架空裸导线、架空绝缘线、电缆线路、电缆架空混合线路。

在低压电缆网和低压架空网的选择上，可考虑以下因素。

(1)电缆线路敷设于地下，对周围环境影响小，有利于环境建设。

(2)电缆线路供电可靠性比较高，不易发生雷击污闪及其他外力破坏事故。

(3)电缆线路受地面建筑物、树木等影响小，出线及选择路径方便。

(4)电缆线路投资费用大。

(5)电缆线路事故抢修和施工难度比较大。当环境条件要求比较严格、架空走廊有困难、对供电可靠性要求比较高、周围树木及污秽对线路影响较大时，可选择电缆线路供电。当配电所的低压架空线路出线有困难时，也可采用低压电缆线路出线，到合适的地段再接入低压架空线路。

3. 接线方式

低压配电网典型结构可分为开式和闭式两种，在供电制式上分为单相负荷供电制式和三相负荷供电制式两类。

1)开式低压配电网

由单侧电源采用放射式、干线式或链式供电，它的优点是投资小、接线简单、安装维护方便，但缺点是电能损耗大、电压低、供电可靠性差以及负荷发展较困难。

(1)放射式低压配电网。

由变电站低压侧引出多条独立线路供给各个独立的用电设备或集中负荷群的接线方式，称为放射式接线。放射式低压配电网结构如图 5-2 所示，主要适用于以下用电情况：①设备容量不大，并且位于变电站不同方向；②负荷配置较稳定；③单台设备容量较大；④负荷排列不整齐。

(2)干线式低压配电网。

一般干线式低压配电网结构如图 5-3(a)所示。这种配电网不必在变电站低压侧设置低压配电盘，直接从低压侧引出线经低压断路器和负荷开关引接，因而减少了电气设备的需要量。这种接线适用于：数量较多，而且排列整齐的用电设备；对供电可靠性要求不高的用电设备，如机械加工、铆焊、铸工和热处理等。

变压器干线配电网结构如图 5-3(b)所示。主干线由变电站引出，沿线敷设，再从主干线引出支线对用电设备供电。这种网络比一般干线式低压配电网所需配电设备更少，从而使变电站结构大为简化，投资大为降低。

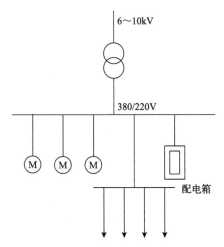

图 5-2　放射式低压配电网结构

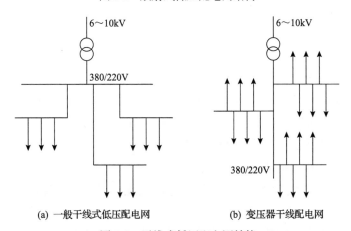

(a) 一般干线式低压配电网　　　　(b) 变压器干线配电网

图 5-3　干线式低压配电网结构

　　一般在生产厂房宜采用干线式低压配电系统，动力站宜采用放射式低压配电系统。同时，根据供电系统需要，常将两种形式混合使用。

　　(3)链式低压配电网。

　　链式低压配电网结构如图 5-4 所示。链式接线的特点与干线式基本相同，适用于彼此相距很近、容量较小的用电设备，链式相连的设备一般不宜超过 5台，链式相连的配电箱不宜超过 3台，且总容量不宜超过 10kW。

　　2)闭式低压配电网

　　(1)普通环式。

　　只有一台配电变压器或几台属于同一中压电源的配电变压器供电的低压

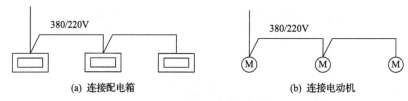

（a）连接配电箱　　　　　　　　（b）连接电动机

图 5-4　链式低压配电网结构

配电网，自己构成环式结构。这种接线，在低压配电线路某一点故障时不致造成用户长时间停电。普通环式低压配电网一般用于住宅楼群区，敷设在水泥槽内。

（2）拉手环式。

这种接线方式的低压配电网，由两个以上来自不同电源的中压配电网线路供电的多台配电变压器作为电源，可以保证低压配电网某段故障或检修时用户不停电，可靠性高于普通环式低压配电网。

5.2.3　无功补偿

1. 低压配电网无功补偿模式

低压配电网无功补偿主要指低压用户侧的无功补偿。

异步电动机是低压配电网的主要感性负荷。电动机消耗的无功功率占整个 380/220V 低压配电网消耗无功功率的 60%～70%，提高异步电动机的自然功率因数，可有效降低低压配电网的电能损耗。

1）模式 A：电动机就地补偿

对用户终端较大功率的电动机进行就地无功补偿（一般在电动机控制箱内），减少电压损失，改善电压质量及起动能力。补偿电容器直接就地安装在被补偿设备的旁边，如图 5-5 所示。该补偿模式的特点如下。

（1）大中型电动机比重较大、利用小时又较高时，随机就地补偿可就近补偿主要用电设备所消耗的无功功率，减少厂区内部的线损和电压损失，改善电压质量，改善用电设备起动和运行条件，降损节电效果明显。

（2）可降低台区配电变压器的电能损耗，不能补偿变压器本身无功损耗。

（3）对电动机逐台补偿，补偿装置的总投资大，可有效释放系统能量，提高线路供电能力。

（4）增加安装、维护的工作量，在操作使用时需要注意安全。

2）模式 B：配电室集中补偿

工厂、车间安装的异步电动机，若就地补偿有困难，则可采用分级、分相

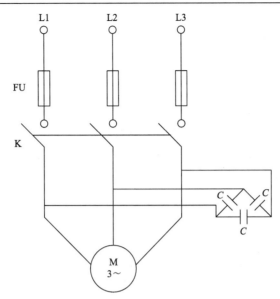

图 5-5　电动机就地补偿方式

自动无功补偿装置在动力配电室集中补偿。该补偿模式的特点如下。

(1)可降低台区配电变压器的电能损耗，不能减少厂区内部的线损。

(2)分级、分相自动补偿，可提高补偿精度，有效降低三相负荷不平衡所造成的电能损失。

(3)不需要对电动机逐台补偿，补偿装置的一次性投资少，安装、维护工作量小，便于运行管理。

3)模式 C：电动机就地补偿+配电室集中补偿

采用用户端电动机就地补偿与配电室集中补偿相结合的补偿方式，对利用率较高的大功率(>4kW)电动机进行随机补偿，无功补偿装置可随着电动机的起停而同步投切，对未进行补偿的小功率电动机可在配电室进行集中补偿，例如采用固定补偿方式，补偿容量配置为配电变压器空载损耗和未补偿用户终端设备空载损耗的总和；如果有条件则可装设低压动态无功补偿装置，实现无功连续平滑调节，或者分级、分相自动无功补偿装置，补偿容量可按照最大负荷方式下所需无功进行配置。该补偿模式特点如下。

(1)补偿效果好，能有效降低配电变压器和低压配电线路的电能损耗和电压损失，提高功率因数，改善用户端电压质量。

(2)在县级配电网各类无功补偿方式中无功经济当量最高，综合经济效益较好。

(3)补偿装置的总投资大，安装、维护的工作量较大。

2. 低压用户无功补偿容量配置

(1)随机无功补偿装置容量应视电动机负载大小、负载特性、满载功率因数高低确定。

(2)用户终端应根据其负荷性质确定无功补偿方式和容量，不宜向电网反送无功，在电网负荷高峰时宜不从或少从电网吸收无功。

(3)异步电动机固定励磁损耗为其额定无功功率的 60%～70%，为避免产生并联谐振和自激过电压，通常采取以补偿其空载无功功率为主的欠补偿。

电动机空载无功功率计算式为

$$Q_0 = \sqrt{3} U_n I_0 \tag{5-6}$$

其中，U_n 为电动机额定电压(V)；I_0 为电动机空载电流(A)。

当电动机铭牌上无空载电流记载时，可用式(5-7)计算，即

$$I_0 = I_n(1 - \cos\phi_n) \tag{5-7}$$

其中，I_n 为电动机额定电流(A)；$\cos\phi_n$ 为电动机额定功率时的功率因数。

(4)所带机械负荷轴惯性较大的电动机，如排灌机，补偿容量可适当加大，可大于电动机的空载无功，但要小于额定无功负荷。

(5)对于输出惯性小的电动机(如风机等)，制动性能较差，若补偿容量过度，电动机停机时会产生自激过电压，补偿容量可按 90%的电动机空载无功功率配置。

(6)对于输出惯性大的电动机(如水泵等)，电动机的停机速度较快，即使补偿容量较大，也不产生自激过电压，其补偿容量可根据负荷大小，在空载无功负荷与额定无功负荷之间选择。一般情况下，当电动机额定功率因数为 0.8 时，补偿容量可按电动机额定容量的 52%～75%配置；当电动机额定功率因数为 0.9 时，补偿容量可按电动机额定容量的 39%～49%配置，或是按照 1.3～1.5 倍的电动机空载无功功率进行配置。

5.2.4　保护

低压配电网应配备短路保护、过负荷保护、剩余电流保护等。

1. 短路保护

短路保护是指当线路或设备发生短路故障时，避免线路、设备损坏或故障范围扩大而设置的保护。短路保护应在短路电流产生的热作用和机械作用对被

保护对象造成危害之前切断电源。

在低压配电系统中，大多数的短路保护均可以采用断路器来实现。采用断路器来实现短路保护，首先应使断路器的短路分断能力大于线路的预期短路电流。当短路保护电器的分段能力小于其安装处预期短路电流时，在该段线路的上一级应装设具有所需分段能力的短路保护电器，上下两级的短路保护电器的动作特性应配合，使该段线路及其短路保护电器承受通过的短路容量。

短路保护电器应装设在回路首端和回路导体载流量减小的地方。

2. 过负荷保护

过负荷保护是指为了防止线路发生过负荷而设置的保护。过负荷保护应在过负荷电流引起的导体温升对导体的绝缘、接头、端子或导体周围的物质造成损害前切断电源。

低压配电系统中的过负荷保护电器可采用断路器或熔断器。因为被保护对象的热承受能力一般呈反时限特性，因此，过负荷保护电器一般要具有反时限动作特性。过负荷保护电器的分段能力可低于保护电器安装处的短路电流值，但应能承受通过的短路容量。

过负荷保护电器应装设在回路首端或回路导体载流量减小的地方。

3. 剩余电流保护

剩余电流保护是指通过检测剩余电流，避免由剩余电流引起的人身单相电击、电气火灾和设备烧毁等事故而设置的保护。剩余电流保护器在正常运行条件下能接通、承载和分断电流，以及在规定条件下当剩余电流达到规定值时能使触头断开，有些剩余电流保护器还可用于短路保护、过负荷保护。

剩余电流保护器的选择应确保回路正常运行时的自然泄漏电流不致引起剩余电流保护器误动作；上下级剩余电流保护器之间应有选择性，并可通过额定动作电流值和动作时间的级差来保证；发生剩余电流故障时应由距该故障发生点最近的上一级剩余电流保护器切断电源。

剩余电流保护器有多种类型，按照动作方式可分为电磁式剩余电流保护器和电子式剩余电流保护器；按照功能可分为剩余电流断路器、剩余电流继电器、移动式剩余电流保护器、固定安装的剩余电流保护插座等。

5.2.5　开关电器

低压配电网中的开关电器主要包括刀开关、负荷开关、熔断器、断路器、继电器等。低压配电网开关电器的主要功能有隔离、转换、接通和分断电路。

1. 刀开关

刀开关又称闸刀开关或隔离开关，它是手控电器中最简单且使用较广泛的一种低压开关电器。

2. 负荷开关

负荷开关又称开关熔断器组，适用于交流工频电路中，采用手动方式不频繁地通断有载电路；也可用于线路的过载与短路保护。

3. 熔断器

熔断器也称为保险丝，IEC 127 标准将它定义为"熔断体"，是一种安装在电路中，保证电路安全运行的电器元件。熔断器广泛应用于高低压配电系统和控制系统，以及用电设备中，作为短路和过电流的保护器，是应用最普遍的保护器件之一。

4. 断路器

断路器也称自动开关，是一种不仅可以接通和分断正常负荷电流和过负荷电流，还可以接通和分断短路电流的开关电器。低压断路器在电路中除起控制作用外，还具有一定的保护功能，如过负荷、短路、欠压和漏电保护等。

5. 继电器

继电器是一种电控制器件，具有控制系统（又称输入回路）和被控系统（又称输出回路）之间的互动关系，通常应用于自动化的控制电路中。实际上继电器是用小电流去控制大电流运作的一种"自动开关"，在电路中起着自动调节、安全保护、转换电路等作用。

5.2.6　远方自动集中抄表

远方自动集中抄表是提高用电管理水平的需要，也是网络和计算机技术迅速发展的必然。采用自动抄表技术，不仅能节约人力资源，更重要的是可提高抄表的准确性，减少因估计或抄写而造成账单出错，使供用电管理部门能及时准确地获得数据信息。目前国内远方自动集中抄表主要有有线、无线、载波等方式。

1. 有线自动抄表技术

有线自动抄表系统主要敷设专用通信线路，通过 RS-485 通信实现。通信方式主要有三种，分别为有线总线通信、光纤通信和电话线通信。

1）有线总线通信

总线通信常见的有 RS-485 总线方式，整个系统由配电侧的集中器、用户电表、RS-485 总线网及相关的软件和通信协议等组成。电度表实时地测量和记录电量参数数据并通过通信接口完成数据的发送和接收。配电侧的集中器实时地测量和记录配电变压器供电电量参数和数据，接收用户电度表数据，存储或向上级网络传送。系统中数据通过 RS-485 总线网高速传输，接口电路采用 RS-485 转发器，传输介质为双绞电缆。系统中的电度表可以是单相民用电表，也可以是三相工业表。对于若干相对集中的民用电表可相互连接，由其中一个作为采集点与总线网挂接，这样可扩大容量。

有线总线通信技术成熟、简单，在通信信道正常的情况下通信可靠、稳定，可以实现实时通信，但存在布线工作大，通信信道易受人为损坏，通信信道易大范围损坏，损坏后故障排除困难、恢复慢，信道后续维护量大等不足。

2）光纤通信

光纤通信具有频带宽、传输速率高、传输距离远和抗干扰能力强等特点，非常适合上层通信网的要求。随着光纤技术的发展应用，自动抄表系统中有可能更多地使用光纤通信。

3）电话线通信

基于电话线通信的自动抄表技术的应用已有二十多年。因为电话线早已存在，所以电话抄表系统是经济的和广泛使用的。电话线允许双向通信，用电数据可双向传送，因此在程序控制的访问时间里，能够通过电话线传送信号或先记录再传送信号。当传送抄表数据时，可以提供新的访问时间表。传送次数可以在现场重新编程，也可以在远方重新编程。

基于电话线通信的自动抄表系统与通信系统是互不干扰的，即它们运行时，与客户使用电话没有冲突。使用电话检查器来识别电话是否占线或客户是否拿起电话听筒。如果系统传送数据时，客户电话占线，系统将会自动停止传送，稍后重新联系传送。基于电话线通信的自动抄表系统避免了无线电、光纤、电缆及其他系统的高成本、基本建设规模大等不足。该系统的另一个重要优点是能在任意场所安装自动抄表装置，而不必在邻近现场安装。最初的系统通常都安装在周边地区还没有开发计划的商业或工业现场。基于电话线的通信系统还避免了为支撑大量电表群体而必需的基础建设。

但有线方式有两个无法克服的缺陷：①信道不够稳定，随着时间的推移，线路质量会下降，且需要配备相应的专责人员负责维护，工作量较大；②每家每户必须重新敷设专用通信线路，工程成本、装修破坏造成与用户的纠纷等都是施工过程中很难解决的问题。有线抄表系统需要建设一个与现有低压配电网同样规模的专用通信网，在某些地方，这是不现实的。

2. 无线自动抄表技术

无线自动抄表系统，在集中器与电能表中都添加无线通信模块。此类通信方式目前有多种实现途径，一些方案采用 GSM 网络的短信方式实现，另一些方案采用射频方式来实现。由于最终用户数量庞大，此类通信方式对于无线通信模块的价格要求尤为突出。

无线自动抄表技术具有如下特点。

(1)微功率发射，传输距离远。

(2)体积小，安装方便。

(3)功耗低，可靠性高。

(4)高抗干扰性能和低误码率。

(5)无须布线，施工方便。

3. 低压配电线载波集中抄表技术

适用于低压的载波技术主要有扩频通信技术和超窄带(ultra narrow band，UNB)电力载波通信。

扩频通信技术，就是展宽频带，使之远大于传送信号所必需的最小带宽，以扩展频谱的方法换取信噪比的提高。频带的展宽是通过编码及调制的方法来实现的。在接收端则用相同的扩频码进行相关解调来解扩，恢复所传送的信号数据。扩频通信以宽带宽换取高信噪比，亦即用宽带宽来换取低误码率，提高通信的抗干扰能力，增强通信的隐蔽性。理论上讲，扩频通信技术具有抗干扰能力较强、隐蔽性好和抗衰减等良好性能，可在一定程度上弥补普通低压电力线载波通信技术的不足。

UNB 电力载波通信是一种相对较新的方式，国外一些厂家已开发出了基于 UNB 载波传输技术的自动抄表系统。在 UNB 系统中，信号传输距离远，尤其在传送系统中的低频信号时可靠性高。UNB 系统信号穿透力强，并且发送设备造价低，还可以被设计得足够小，很容易安装在普通电度表中。UNB 技术有如此多的优点是因为它的传送速度慢，传输带宽只有 0.001Hz，传输功率只需要 0.3mW，每个载波单元通过编程分配一个不同的频率，近 3000 个载波单元与位于变电站的接收器可同时进行通信。

低压配电线载波集中抄表系统，从理论上讲是最理想的电能表自动抄表系统，这是因为它实现了电能馈送与数据传输的自然匹配与完美结合，电能馈送到什么地方，数据传输通道就敷设到什么地方。

4. 无线传感器网络集中抄表技术

无线传感器网络(wireless sensor network，WSN)技术属于无线集中抄表技术的一种，除具有以上无线集中抄表的特点外，还克服了点对点传输模式的局限性，具有拓扑结构动态性强、自组织性以及网络分布式特性。对于分布在很广范围内的大量节点，每个节点都是一个可以进行数据采集、数据处理和数据通信的智能单元，即使网络中某些节点失效，整个网络仍然能够正常运行。采用先进的 WSN 技术的无线传感器网络集中抄表系统，适应我国配电网实现自动化管理的需求，具有成本低、功耗低、通信能力超强、通信距离远和抗干扰能力强、窃电自动报警等诸多优点。

第6章 中压配电网结构

6.1 中压配电网典型结构

1. 单电源辐射结构

单电源辐射结构如图 6-1 所示。单电源辐射接线的优点是比较经济，配电线路和高压开关柜数量少，投资小，新增负荷也比较方便。但其缺点也很明显，主要是故障影响范围较大，供电可靠性较差。当线路故障时，部分线路段或全线将停电；当电源故障时，将导致全网瘫痪。

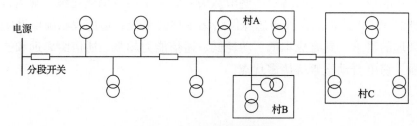

图 6-1 单电源辐射结构

这种模式适用于对可靠性要求不高的供电区域、非重要用户。干线可以分段，其原则是：一般主干线分为 2～3 段，负荷较密地区 1km 分 1 段，供电半径较长线路按所接配电变压器容量每 2～3MV·A 分 1 段，以缩小事故和检修停电范围。

2. 自环单电源辐射结构

自环单电源辐射结构如图 6-2 所示。自环单电源辐射接线的优点是比较经济，供电可靠性优于单电源辐射接线，配电线路和高压开关柜数量少，投资小，新增负荷也比较方便。

这种模式适用于供电区相对较宽、有较大分支、负荷密度不高且可靠性要求不高的供电区，主要分支与主干线封闭成环。干线可以分段，其原则是：一般主干线分为 2～3 段，负荷较密地区 1km 分 1 段，负荷较小地区按所接配电变压器容量每 2～3MV·A 分 1 段，以缩小事故和检修停电范围；在分支点装分段开关。

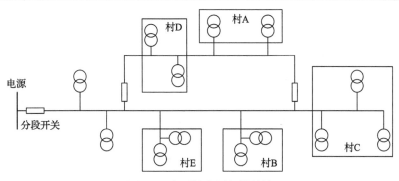

图 6-2　自环单电源辐射结构

对于单电源辐射结构和自环单电源辐射结构，尽管不存在线路故障后的负荷转移，但仍需考虑线路的备用容量，正常负荷下线路也不宜满载运行。

3. 双电源单环网结构

双电源单环网结构如图 6-3 所示。双电源单环网接线通过一个联络开关，将来自不同变电站或相同变电站不同母线的两条馈线连接起来。双电源单环网接线的最大优点是可靠性比单电源辐射接线大大提高，运行比较灵活。当线路故障或电源故障时，在线路负荷允许的条件下，通过切换操作可以使非故障段恢复供电。由于考虑了线路的备用容量，线路投资将比单电源辐射接线有所增加。

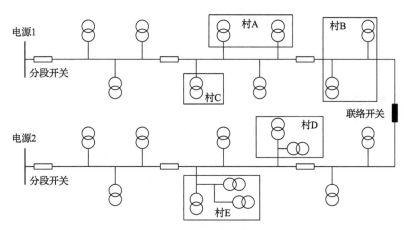

图 6-3　双电源单环网结构

这种模式适用于配电网建设初期，较为重要的负荷区域，能保证一定的供电可靠性。随着配电网的发展，在不同回路之间建立联络，就可以发展为更为复杂的接线模式。

4. 三电源环网结构

三电源环网结构如图 6-4 所示。三电源环网接线由三条馈线供电，每个馈线间设一个联络开关，馈线可来自不同变电站或同一变电站的不同母线。

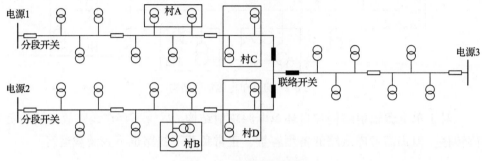

图 6-4　三电源环网结构

对于电缆系统，任何一个区段故障，通过环网柜或开闭所的联络开关，均可将负荷转供到相邻馈线而保证不失负荷；对于架空线路，任何一个区段故障，均可通过联络开关将非故障段负荷转供到相邻线路。

这种模式适用于供电容量较大但个数不多的二类用户。

对于双电源单环网结构和三电源环网结构，任何一个区段故障，闭合联络开关，将负荷转移到相邻馈线，完成转供，可靠性满足 $N-1$ 准则，设备利用率为 50%。

5. 双回路平行辐射结构

双回路平行辐射结构如图 6-5 所示。用户同时得到两个方向的电源，保证在一路电源失电的情况下用户能够由另外一路电源供电。两路电源来自不同变电站或者同一变电站的不同母线。

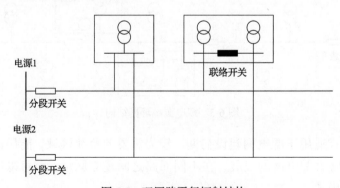

图 6-5　双回路平行辐射结构

这种模式适用于对供电可靠性要求较高的供电区域，如城市核心区、重要负荷密集区域等。

6. N供一备结构

N供一备供电模式，就是指 N 条架空线路连成环网，其中有一条线路作为公共的备用线路，如图 6-6 所示。非备用线路满载运行，若有某一条运行线路出现故障，则可以通过线路切换把备用线路投入运行。该种模式随着 N 值的不同，其接线的运行灵活性、可靠性和线路的平均负载率均有所不同。

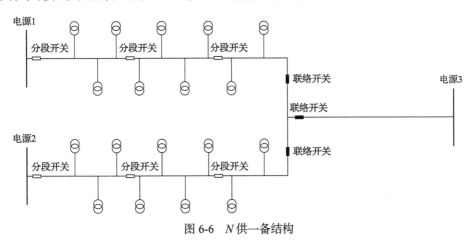

图 6-6　N供一备结构

N供一备供电模式的特点是：在主备馈线组接线中，有一条线路作为公共的备用线路，非备用线路正常满载运行，若有某条运行线路出现故障，则可以通过线路切换把备用线路投入运行。尽量保证供电线路和备用线路来自不同电源点，可以进一步提高可靠性。这种接线方式最大的特点和优势就是能够提高理论负载率，三供一备模式理论上线路平均负载率可以达到75%。

6.2　中压配电网结构分析方法

6.2.1　可靠性分析计算

配电系统是由一组串联元件，包括线路、电缆、隔离开关、母线等所组成的。可靠性分析计算时考虑了变压器、母线、断路器、隔离开关和线路的影响，并认为一旦设备发生故障就立刻退出运行，进行检修；一旦检修完毕，立刻投入运行。连接在系统任一负荷点的用户要求它和电源点之间的所有元件都运行，即若电源点至负荷点供电连续则为可靠。认为当一台主变压器故障停运时，在考虑一定的负荷转移后，剩余变压器不过载，以及一条线路故障停运后，剩余线路不过载。基于此，平均故障率 λ_S、平均年停运时间 U_i 和平均停运时间 r_S 这三个可靠性参数分别为

$$\lambda_S = \sum_i \lambda_i$$

$$U_i = \sum_i \lambda_i r_i \tag{6-1}$$

$$r_S = \frac{U_i}{\lambda_S} = \frac{\sum_i \lambda_i r_i}{\sum_i \lambda_i}$$

其中，λ_i 为给定元件 i 的平均故障率；r_i 为给定元件 i 的平均故障停电时间。

形成以上理论及有关公式的主要假设之一是各个元件的故障是相互独立的，元件间彼此串联。进行可靠性计算时 λ_i、r_i 和 U_i 所使用的基本量纲必须一致，λ_i 为次/年，r_i 为 h/次，U_i 为 h/年。

少供电量损失计算：$Q = n\lambda_S P U_i$，P 为平均负荷，取最大负荷的 6/10，n 为线路回路数。

$$供电可靠率 = 1 - \frac{用户平均停电时间}{统计期间时间} \tag{6-2}$$

其中，用户平均停电时间包括故障停电时间和预安排停电时间，对无备用的供电系统，通常预安排停电时间是故障停电时间的 4～7 倍。

为了反映系统停运的严重程度和重要性，一般用平均用电有效度（ASAI）来进行评估：

$$ASAI = \frac{用户用电小时数}{用户需电小时数} = \frac{N_总 \times 8760 - \sum_i U_i N_i}{N_总 \times 8760} \tag{6-3}$$

其中，$N_总$ 为系统中用户总数；N_i 为故障时受影响的用户数，与平均年停运时间 U_i 相对应；8760 为一年的小时数。

架空线和电缆的故障率大约与它们的长度成正比。

对于永久性故障，由一个给定元件引起的停电时间包括开关操作时间或检修时间。开关操作时间是隔离故障元件并对给定的负荷点恢复供电所需的时间。检修时间则是从故障开始到故障元件被检修或被替换后恢复供电的时间。

任何元件引起的等效开关操作时间取决于故障的元件、负荷点、网络保护、当地控制或遥控的隔离开关、备用连接等相互之间的位置关系。

与瞬时性故障和检修停电有关的公式基本上与永久性故障时的情况一样，只是采用不同的可靠性数据。

6.2.2　经济性分析计算

线路的总费用由综合投资费用、年运行费用和少供电量损失费用构成。总费用计算完毕后，再采用"现值转年值"法，转化为年费用。采用单位面积的年费用进行供电模式的经济对比分析。

1）综合投资费用

线路的综合投资费用计算式为

$$Z = kLC_0 \tag{6-4}$$

其中，Z 为线路的综合投资费用（万元）；k 为线路曲折系数，即用理想线路长度估算实际线路长度的比例系数，对于不互联的接线方案，k 可取 1.1，对于互联方案，k 可取 1.3；L 为线路长度（km）；C_0 为单位长度线路投资（万元/km）。

2）年运行费用

年运行费用的计算式为

$$\Delta A = P \times \Delta P_{L\%} \times 8760 \tag{6-5}$$

$$U = \alpha \Delta A + U_1 \tag{6-6}$$

其中，ΔA 为线路全年电能损失（kW·h）；P 为年平均负荷（kW）；$\Delta P_{L\%}$ 为功率损失率；U 为年运行费用（万元）；α 为电能电价（万元/(kW·h)）；U_1 为检修、维护费用（万元）。

3）少供电量损失费用

少供电量损失费用计算式为

$$Q = P(1-p) \times 8760 \tag{6-7}$$

$$U_2 = QK_5 \tag{6-8}$$

其中，Q 为可靠性不足损失的供电量（kW·h）；p 为可靠率；U_2 为少供电量损失的 GDP（元）；K_5 为单位少供电量损失的 GDP（元/(kW·h)）。

4) 总费用等年值

总费用等年值计算式为

$$NF = Z\left[\frac{r_0(1+r_0)^n}{(1+r_0)^n-1}\right] + U + U_2 \tag{6-9}$$

其中，NF 为平均分布在 n 年内的线路年费用 (万元)；r_0 为电力工业投资回收率；n 为线路的经济使用年限。

6.3　中压配电网结构对比分析

6.3.1　分析条件

设双电源单环网两条线路分别来自两个相邻变电站；双环网 (2 个双电源单环网) 中相连的线路分别取自相邻的不同变电站；一供一备结构的二回线路分别来自两个相邻变电站；两供一备结构的主供线路来自同一变电站的不同母线或两个变电站，备用线路来自相邻变电站；三供一备结构的主供线路来自相同变电站的不同母线或不同变电站，备用线路来自与主供线路同一变电站的不同母线或不同变电站；三电源环网结构中的电源来自同一变电站的不同母线或不同变电站；多回路平行的主供线路来自同一变电站的不同母线或不同变电站；辐射线路则取自某一变电站，不与其他线路相连。

设上级变电站供电半径随负荷密度的变化而变化。变电站主变总容量为 S，单位为 MV·A；负荷密度为 σ，单位为 MW/km²；变电站供电半径为 a，供电区域可设为正方形时 $a = \frac{1}{2}\sqrt{\frac{S}{\sigma k_1}}$，单位为 km；$k_1$ 为主变容载比。

架空线路导线型号取为 LGJ-240，电缆线路电缆型号取为 YJV22-3×300/10，导线安全电流均按 400A 计列，线路功率因数按 0.9 计列，k_1 按 1.8 计列。架空线路路径曲折系数取为 1.1，电缆线路取为 1.3。架空线路投资为 15 万元/km，电缆线路投资为 70 万元/km。

最大负荷利用小时数按 5000h 计，线路检修费用为 0.1 万元/km，电费取 0.25 元/(kW·h)。

线路年均负载率为 30%，1km 以下线路损耗率取 0.3%，1～1.5km 取 0.45%，1.5～2km 取 0.6%，2～2.5km 取 0.75%，2.5～3.0km 取 0.9%，3～3.5km 取 1.05%，3.5～4km 取 1.2%，4～4.5km 取 1.35%，4.5～5km 取 1.5%。

电力投资回收率取 10%，架空线路使用年限取 30 年，电缆线路使用年限取 40 年。

无联络/备用回路按不分段考虑，有联络/备用的回路按 3 分段考虑。相邻变电站均衡地互相提供联络、备用，即提供联络、备用的回路均衡地分布到各变电站。对辐射供电系统，取预安排停电时间是故障停电时间的 5 倍，对有备用的供电系统，认为没有限电因素外的预安排停电。

各类设备故障次数及故障修复时间不尽相同。配电变压器平均故障率为 0.00043 次/(台·年)，平均修复时间为 20h/次；断路器平均故障率为 0.02 次/(台·年)，平均修复时间为 15h/次；母线平均故障率为 0.03 次/(段·年)，平均修复时间为 2h/次；隔离开关平均故障率为 0.05 次/(台·年)，平均修复时间为 8h/次；架空线路平均故障率为 0.0178 次/(km·年)，平均修复时间为 9h/次；电缆线路平均故障率为 0.00791 次/(km·年)，平均修复时间为 9h/次。

6.3.2　供电能力对比分析

导线安全电流按 400A 计列，功率因数取 0.9，可计算得出不同接线模式下的供电能力，如表 6-1 所示。

表 6-1　各种接线模式下供电能力一览表

序号	配电网结构	供电能力/kW	线路平均负载率/%
1	单电源辐射	3117.6	50
2	双电源单环网	6235.2	50
3	三电源环网	9352.8	50
4	双环网	12470.4	50
5	一供一备	6235.2	50
6	两供一备	12470.4	67
7	双回路平行辐射	6235.2	50

供电能力最高的是两供一备和双环网，为 12470.4kW；其次是三电源环网，为 9352.8kW；再次是双电源单环网、一供一备和双回路平行辐射，为 6235.2kW；单电源辐射接线供电能力最低，为 3117.6kW。

6.3.3　可靠性对比分析

表 6-2 和表 6-3 分别给出了各种架空、电缆配电网结构在不同负荷密度下的供电可靠性对比。

表 6-2　各种架空配电网结构在不同负荷密度下的供电可靠性

负荷密度/(MW/km²)	变电站总容量/(MV·A)	可靠率						
		单电源辐射	双电源单环网	三电源环网	双环网	一供一备	两供一备	双回路平行辐射
1	94.5	0.997302	0.999831	0.9998311	0.999831	0.9999705	0.9999585	0.9999613
	120	0.997247	0.999826	0.9998263	0.999826	0.9999662	0.9999524	0.9999560
	150	0.997189	0.999821	0.9998212	0.999821	0.9999617	0.9999457	0.9999502
	189	0.997121	0.999815	0.9998151	0.999815	0.9999563	0.9999377	0.9999434
5	94.5	0.997544	0.999851	0.9998514	0.999851	0.9999876	0.9999829	0.9999835
	120	0.997519	0.999849	0.9998494	0.999849	0.9999859	0.9999806	0.9999813
	150	0.997493	0.999847	0.9998473	0.999847	0.9999842	0.9999781	0.9999790
	189	0.997463	0.999845	0.9998448	0.999845	0.9999821	0.9999751	0.9999763
10	94.5	0.997601	0.999932	0.9999321	0.999932	0.9999941	0.9999926	0.9999912
	120	0.997584	0.999931	0.9999310	0.999931	0.9999933	0.9999915	0.9999900
	150	0.997566	0.999930	0.9999298	0.999930	0.9999924	0.9999904	0.9999888
	189	0.997544	0.999851	0.9998514	0.999851	0.9999876	0.9999829	0.9999835
20	94.5	0.997642	0.999935	0.9999347	0.999935	0.9999959	0.9999949	0.9999939
	120	0.997630	0.999934	0.9999339	0.999934	0.9999953	0.9999942	0.9999930
	150	0.997617	0.999933	0.9999331	0.999933	0.9999948	0.9999934	0.9999922
	189	0.997601	0.999932	0.9999321	0.999932	0.9999941	0.9999926	0.9999912
30	94.5	0.997660	0.999936	0.9999359	0.999936	0.9999967	0.9999958	0.9999950
	120	0.997650	0.999935	0.9999352	0.999935	0.9999962	0.9999953	0.9999944
	150	0.997639	0.999935	0.9999345	0.999935	0.9999958	0.9999947	0.9999937
	189	0.997627	0.999934	0.9999338	0.999934	0.9999952	0.9999940	0.9999929
40	94.5	0.997671	0.999937	0.9999365	0.999937	0.9999971	0.9999964	0.9999957
	120	0.997662	0.999936	0.9999360	0.999936	0.9999968	0.9999959	0.9999951
	150	0.997653	0.999935	0.9999354	0.999935	0.9999964	0.9999954	0.9999945
	189	0.997642	0.999935	0.9999347	0.999935	0.9999959	0.9999949	0.9999939
60	94.5	0.997683	0.999937	0.9999373	0.999937	0.9999977	0.9999971	0.9999965
	120	0.997676	0.999937	0.9999369	0.999937	0.9999974	0.9999967	0.9999960
	150	0.997669	0.999936	0.9999364	0.999936	0.9999971	0.9999963	0.9999956
	189	0.997660	0.999936	0.9999359	0.999936	0.9999967	0.9999958	0.9999950

表 6-3　各种电缆配电网结构在不同负荷密度下的供电可靠性

负荷密度/(MW/km²)	变电站总容量/(MV·A)	可靠率						
		单电源辐射	双电源单环网	三电源环网	双环网	一供一备	两供一备	双回路平行辐射
1	94.5	0.997545	0.999849	0.9998486	0.999849	0.9999853	0.9999797	0.9999805
	120	0.997521	0.999846	0.9998462	0.999846	0.9999833	0.9999769	0.9999779
	150	0.997495	0.999844	0.9998437	0.999844	0.9999812	0.9999739	0.9999752
	189	0.997465	0.999841	0.9998407	0.999841	0.9999787	0.9999703	0.9999719
5	94.5	0.997653	0.999859	0.9998588	0.999859	0.9999937	0.9999913	0.9999915
	120	0.997642	0.999858	0.9998578	0.999858	0.9999928	0.9999902	0.9999904
	150	0.997630	0.999857	0.9998567	0.999857	0.9999919	0.9999889	0.9999893
	189	0.997617	0.999855	0.9998555	0.999855	0.9999909	0.9999875	0.9999879
10	94.5	0.997678	0.999936	0.9999363	0.999936	0.9999970	0.9999962	0.9999955
	120	0.997670	0.999936	0.9999357	0.999936	0.9999966	0.9999957	0.9999949
	150	0.997662	0.999935	0.9999351	0.999935	0.9999962	0.9999952	0.9999943
	189	0.997653	0.999859	0.9998588	0.999859	0.9999937	0.9999913	0.9999915
20	94.5	0.997696	0.999938	0.9999377	0.999938	0.9999979	0.9999974	0.9999968
	120	0.997691	0.999937	0.9999373	0.999937	0.9999976	0.9999970	0.9999964
	150	0.997685	0.999937	0.9999368	0.999937	0.9999973	0.9999967	0.9999960
	189	0.997678	0.999936	0.9999363	0.999936	0.9999970	0.9999962	0.9999955
30	94.5	0.997704	0.999938	0.9999382	0.999938	0.9999983	0.9999979	0.9999974
	120	0.997700	0.999938	0.9999379	0.999938	0.9999981	0.9999976	0.9999971
	150	0.997695	0.999938	0.9999376	0.999938	0.9999978	0.9999973	0.9999967
	189	0.997690	0.999937	0.9999372	0.999937	0.9999976	0.9999970	0.9999963
40	94.5	0.997709	0.999939	0.9999386	0.999939	0.9999985	0.9999982	0.9999978
	120	0.997705	0.999938	0.9999383	0.999938	0.9999983	0.9999979	0.9999975
	150	0.997701	0.999938	0.9999380	0.999938	0.9999981	0.9999977	0.9999972
	189	0.997696	0.999938	0.9999377	0.999938	0.9999979	0.9999974	0.9999968
60	94.5	0.997715	0.999939	0.9999390	0.999939	0.9999988	0.9999985	0.9999982
	120	0.997711	0.999939	0.9999388	0.999939	0.9999986	0.9999983	0.9999979
	150	0.997708	0.999939	0.9999385	0.999939	0.9999985	0.9999981	0.9999977
	189	0.997704	0.999938	0.9999382	0.999938	0.9999983	0.9999979	0.9999974

对表 6-2 和表 6-3 进行分析，可以得出以下结论。

(1)单电源辐射结构可靠率最低，各种情况下均未达到 99.8%。

(2)一供一备结构可靠率最高，各种情况下可靠率均可超过 99.99%，负荷密度较高时可达到 99.999%。

(3)两供一备、双回路平行辐射结构可靠率略低于一供一备结构，各种情况下可靠率均可超过99.99%，负荷密度较高时可达到99.999%。在负荷密度低于5MW/km²时，双回路平行辐射结构的可靠率大于两供一备结构；在负荷密度不低于10MW/km²时，两供一备结构的可靠率总体上大于双回路平行辐射结构。

(4)双电源单环网、双环网、三电源环网结构可靠率基本相当，均可超过99.98%，负荷密度较高时可超过99.99%，可靠率高于单电源辐射结构而低于两供一备、双回路平行辐射和一供一备结构。

(5)各种结构，架空系统的可靠率低于电缆系统的可靠率。

从供电可靠性角度进行配电网结构选择：

(1)当供电系统可靠率要求低于99.8%时，可选择单电源辐射结构。

(2)当供电系统可靠率要求高于99.8%而低于99.99%时，可选择双电源单环网、双环网、三电源环网结构。

(3)当供电可靠率要求高于99.99%时，可分情况选择一供一备、两供一备、双回路平行辐射结构。当负荷低于6235.2kW且馈出线中较少时，可选择一供一备结构；当负荷低于6235.2kW且馈出线中较多时，可选择双回路平行辐射结构；当负荷高于6235.2kW而低于12470.4kW时，可选择两供一备结构。

6.3.4 经济性对比分析

采用单位面积的年费用进行不同供电模式的经济对比分析。分两种情况进行分析，第一种情况是单位少供电量损失的 GDP 为 5 元/(kW·h)，第二种情况为单位少供电量损失的 GDP 为 20 元/(kW·h)。

1)单位少供电量损失的 GDP 为 5 元/(kW·h)的经济分析

表 6-4 和表 6-5 分别给出了单位少供电量损失的 GDP 为 5 元/(kW·h)各种架空、电缆配电网结构下的单位面积年费用。

表 6-4　各种架空配电网结构下的单位面积年费用(K_S=5 元/(kW·h))

负荷密度/ (MW/km²)	变电站总容量/ (MV·A)	单位面积年费用/(万元/km²)						
		单电源辐射	双电源单环网	三电源环网	双环网	一供一备	两供一备	双回路平行辐射
1	94.5	10.82	4.18	4.18	4.18	4.60	3.71	9.12
	120	11.60	4.82	4.82	4.82	5.34	4.24	10.90
	150	12.61	5.70	5.70	5.70	6.30	4.99	13.57
	189	13.70	6.62	6.62	6.62	7.21	5.49	16.55

续表

负荷 密度/ (MW/km²)	变电站 总容量/ (MV·A)	单位面积年费用/(万元/km²)						
		单电源 辐射	双电源 单环网	三电源 环网	双环网	一供一备	两供一备	双回路 平行辐射
5	94.5	40.84	10.52	10.52	10.52	10.72	8.62	20.83
	120	42.87	12.26	12.26	12.26	12.95	10.49	25.39
	150	44.90	13.97	13.97	13.97	14.64	11.70	30.89
	189	47.86	16.57	16.57	16.57	17.72	13.87	38.59
10	94.5	75.34	14.09	14.09	14.09	15.45	12.49	29.75
	120	77.46	15.78	15.78	15.78	17.10	13.64	34.70
	150	81.40	19.27	19.27	19.27	21.58	17.44	44.58
	189	84.83	24.19	24.19	24.19	24.53	19.09	54.06
20	94.5	141.08	20.57	20.57	20.57	21.33	17.15	41.56
	120	146.21	25.10	25.10	25.10	27.88	22.99	52.77
	150	150.28	28.52	28.52	28.52	31.24	25.39	63.76
	189	155.13	32.63	32.63	32.63	35.27	27.61	77.03
30	94.5	206.67	27.23	27.23	27.23	28.44	23.32	53.21
	120	210.33	30.15	30.15	30.15	31.30	25.32	61.79
	150	215.31	34.34	34.34	34.34	35.42	28.25	75.24
	189	224.46	42.58	42.58	42.58	46.68	37.29	97.82
40	94.5	271.62	33.42	33.42	33.42	35.09	29.18	63.70
	120	275.85	36.79	36.79	36.79	38.40	31.49	73.60
	150	281.60	41.63	41.63	41.63	43.15	34.87	89.14
	189	288.45	47.44	47.44	47.44	48.85	38.01	107.91
60	94.5	400.42	45.00	45.00	44.99	47.62	40.38	82.66
	120	405.60	49.12	49.12	49.12	51.66	43.20	94.78
	150	412.64	55.05	55.05	55.05	57.48	47.35	113.80
	189	421.04	62.16	62.16	62.16	64.47	51.19	136.80

表 6-5 各种电缆配电网结构下的单位面积年费用(K_5=5 元/(kW·h))

负荷 密度/ (MW/km²)	变电站 总容量/ (MV·A)	单位面积年费用/(万元/km²)						
		单电源 辐射	双电源 单环网	三电源 环网	双环网	一供一备	两供一备	双回路 平行辐射
1	94.5	18.96	12.91	12.91	12.91	13.22	10.15	26.38
	120	20.77	14.66	14.66	14.66	15.05	11.52	30.35
	150	22.87	16.70	16.70	16.70	17.16	13.13	35.32
	189	25.21	18.97	18.97	18.97	19.39	14.63	40.96

负荷密度/(MW/km²)	变电站总容量/(MV·A)	单位面积年费用/(万元/km²)						
		单电源辐射	双电源单环网	三电源环网	双环网	一供一备	两供一备	双回路平行辐射
5	94.5	59.05	30.06	30.06	30.06	29.99	23.08	59.43
	120	63.39	34.27	34.27	34.27	34.67	26.79	68.89
	150	67.84	38.58	38.58	38.58	38.92	29.91	79.53
	189	73.61	44.19	44.19	44.19	44.97	34.31	93.18
10	94.5	101.08	41.74	41.74	41.74	42.74	32.97	84.38
	120	106.47	46.94	46.94	46.94	47.85	36.72	96.26
	150	113.83	54.10	54.10	54.10	55.97	43.24	113.40
	189	121.24	63.26	63.26	63.26	63.08	48.01	131.27
20	94.5	177.49	59.68	59.68	59.68	59.93	46.11	118.81
	120	187.24	69.17	69.17	69.17	71.38	55.63	139.83
	150	196.15	77.79	77.79	77.79	79.87	61.88	161.09
	189	206.62	87.93	87.93	87.93	89.86	68.56	186.29
30	94.5	251.26	75.13	75.13	75.13	75.72	58.79	147.84
	120	260.58	84.13	84.13	84.13	84.58	65.29	168.41
	150	271.49	94.69	94.69	94.69	94.98	72.94	194.45
	189	287.52	110.32	110.32	110.32	113.53	87.45	231.63
40	94.5	323.11	88.73	88.73	88.73	89.69	70.15	172.97
	120	333.87	99.12	99.12	99.12	99.92	77.65	196.72
	150	346.47	111.32	111.32	111.32	111.93	86.48	226.79
	189	361.27	125.66	125.66	125.66	126.06	95.94	262.42
60	94.5	463.48	112.74	112.74	112.74	114.48	90.55	216.48
	120	476.66	125.46	125.46	125.46	127.01	99.74	245.57
	150	492.09	140.40	140.40	140.40	141.73	110.56	282.40
	189	510.22	157.96	157.96	157.96	159.03	122.14	326.04

分析表 6-4 和表 6-5 可以得出以下结论。

(1) 当负荷密度大于 1MW/km² 时，单电源辐射结构单位面积年费用较高，并随负荷密度的增高而迅速增大。对于架空系统，当负荷密度为 1MW/km² 时，单电源辐射结构单位面积年费用为 10 万～14 万元/km²；当负荷密度为 60MW/km² 时，单电源辐射结构单位面积年费用为 400 万～422 万元/km²。由此可见，单电源辐射结构是经济性最差的配电网结构，但其初始投资最低。

(2)两供一备结构单位面积年费用最低，随负荷密度的增高而增大。对于架空系统，当负荷密度为 1MW/km^2 时，两供一备结构单位面积年费用为 3 万～6 万元/km^2；当负荷密度为 60MW/km^2 时，单位面积年费用为 40 万～52 万元/km^2。两供一备结构是七种配电网结构中经济性最好的，但其初始投资较高。

(3)双电源单环网、双环网、三电源环网结构单位面积年费用相当，略高于两供一备结构，随负荷密度的增高而增大。对于架空系统，当负荷密度为 1MW/km^2 时，单位面积年费用为 4 万～7 万元/km^2；当负荷密度为 60MW/km^2 时，单位面积年费用为 44 万～63 万元/km^2。

(4)一供一备结构单位面积年费用略高于双电源单环网、双环网、三电源环网结构，随负荷密度的增高而增大。对于架空系统，当负荷密度为 1MW/km^2 时，单位面积年费用为 4 万～8 万元/km^2；当负荷密度为 60MW/km^2 时，单位面积年费用为 47 万～65 万元/km^2。

(5)双回路平行辐射结构年费用高于一供一备结构，约为一供一备结构的 2 倍。对于架空系统，当负荷密度为 1MW/km^2 时，单位面积年费用为 9 万～17 万元/km^2；当负荷密度为 60MW/km^2 时，单位面积年费用为 82 万～137 万元/km^2。

(6)总体看，双电源单环网、双环网、三电源环网和一供一备四种结构的单位面积年费用基本相当，其中一供一备结构单位面积年费用相对略高。单电源辐射结构单位面积年费用最高，且负荷密度越大，与其他配电网结构的差别越大；两供一备结构单位面积年费用最低；双回路平行辐射结构介于中间。

(7)对同一种配电网结构，架空系统的经济性优于电缆系统。

2)单位少供电量损失的 GDP 为 20 元/(kW·h)的经济分析

表 6-6 和表 6-7 分别给出了单位少供电量损失的 GDP 为 20 元/(kW·h)各种架空、电缆配电网结构下的单位面积年费用。

表 6-6　各种架空配电网结构下的单位面积年费用(K_s=20 元/(kW·h))

负荷密度/(MW/km^2)	变电站总容量/(MV·A)	单位面积年费用/(万元/km^2)						
		单电源辐射	双电源单环网	三电源环网	双环网	一供一备	两供一备	双回路平行辐射
1	94.5	32.09	5.51	5.51	5.51	4.83	4.04	9.42
	120	33.30	6.19	6.19	6.19	5.60	4.42	11.24
	150	34.78	7.11	7.11	7.11	6.60	5.20	13.96
	189	36.39	8.08	8.08	8.08	7.55	5.73	16.99

负荷密度/(MW/km²)	变电站总容量/(MV·A)	单位面积年费用/(万元/km²)						
		单电源辐射	双电源单环网	三电源环网	双环网	一供一备	两供一备	双回路平行辐射
5	94.5	137.65	16.38	16.38	16.38	11.20	8.95	21.47
	120	140.66	18.19	18.19	18.19	13.49	10.87	26.12
	150	143.72	20.00	20.00	20.00	15.25	12.12	31.71
	189	147.86	22.69	22.69	22.69	18.41	14.35	39.52
10	94.5	264.44	19.44	19.44	19.44	15.91	12.78	30.43
	120	267.94	21.22	21.22	21.22	17.62	13.97	35.48
	150	273.33	24.80	24.80	24.80	22.17	17.81	45.45
	189	278.44	35.91	35.91	35.91	25.50	19.76	55.34
20	94.5	512.90	30.87	30.87	30.87	21.97	17.55	42.51
	120	519.99	35.51	35.51	35.51	28.60	23.45	53.85
	150	526.10	39.07	39.07	39.07	32.05	25.90	64.97
	189	533.33	43.33	43.33	43.33	36.19	28.18	78.40
30	94.5	760.15	42.40	42.40	42.40	29.21	23.80	54.38
	120	766.21	45.47	45.47	45.47	32.18	25.86	63.10
	150	773.70	49.82	49.82	49.82	36.40	28.86	76.71
	189	785.76	58.24	58.24	58.24	47.79	37.99	99.48
40	94.5	1006.22	53.43	53.43	53.43	35.98	29.74	65.04
	120	1013.22	56.98	56.98	56.98	39.40	32.12	75.11
	150	1021.87	62.00	62.00	62.00	44.28	35.58	90.83
	189	1032.09	68.02	68.02	68.02	50.13	38.81	109.82
60	94.5	1496.32	74.64	74.64	74.64	48.70	41.05	84.29
	120	1504.89	78.97	78.97	78.97	52.89	43.97	96.62
	150	1515.48	85.13	85.13	85.13	58.86	48.21	115.87
	189	1528.00	92.50	92.50	92.50	66.02	52.16	139.12

表 6-7 各种电缆配电网结构下的单位面积年费用(K_5=20 元/(kW·h))

负荷密度/(MW/km²)	变电站总容量/(MV·A)	单位面积年费用/(万元/km²)						
		单电源辐射	双电源单环网	三电源环网	双环网	一供一备	两供一备	双回路平行辐射
1	94.5	38.31	14.10	14.10	14.10	13.33	10.31	26.53
	120	40.32	15.87	15.87	15.87	15.17	11.61	30.52
	150	42.62	17.93	17.93	17.93	17.30	13.23	35.51
	189	45.20	20.22	20.22	20.22	19.56	14.74	41.17

续表

负荷密度/(MW/km²)	变电站总容量/(MV·A)	单位面积年费用/(万元/km²)						
		单电源辐射	双电源单环网	三电源环网	双环网	一供一备	两供一备	双回路平行辐射
5	94.5	151.57	35.62	35.62	35.62	30.24	23.25	59.76
	120	156.35	39.87	39.87	39.87	34.94	26.98	69.26
	150	161.26	44.23	44.23	44.23	39.23	30.13	79.94
	189	167.55	49.89	49.89	49.89	45.32	34.56	93.65
10	94.5	284.13	46.76	46.76	46.76	42.97	33.11	84.73
	120	290.13	52.00	52.00	52.00	48.12	36.88	96.65
	150	298.14	59.22	59.22	59.22	56.27	43.43	113.84
	189	306.29	74.39	74.39	74.39	63.58	48.35	131.93
20	94.5	540.74	69.51	69.51	69.51	60.26	46.31	119.31
	120	551.36	79.06	79.06	79.06	71.75	55.86	140.39
	150	561.18	87.75	87.75	87.75	80.29	62.13	161.71
	189	572.71	97.97	97.97	97.97	90.33	68.86	186.99
30	94.5	794.25	89.74	89.74	89.74	76.12	59.04	148.44
	120	804.64	98.81	98.81	98.81	85.03	65.57	169.09
	150	816.66	109.46	109.46	109.46	95.49	73.25	195.21
	189	833.98	125.18	125.18	125.18	114.10	87.81	232.49
40	94.5	1045.60	108.10	108.10	108.10	90.15	70.43	173.66
	120	1057.59	118.57	118.57	118.57	100.44	77.97	197.51
	150	1071.48	130.87	130.87	130.87	112.51	86.84	227.67
	189	1087.77	145.32	145.32	145.32	126.71	96.35	263.41
60	94.5	1544.54	141.59	141.59	141.59	115.05	90.90	217.33
	120	1559.24	154.42	154.42	154.42	127.65	100.13	246.53
	150	1576.24	169.48	169.48	169.48	142.44	111.00	283.47
	189	1596.20	187.18	187.18	187.18	159.82	122.64	327.25

分析表 6-6 和表 6-7 可以得出以下结论。

（1）当负荷密度大于等于 1MW/km² 时，单电源辐射结构单位面积年费用最高，并随负荷密度的增高而迅速增大。对于架空系统，当负荷密度为 1MW/km² 时，单位面积年费用为 32 万～37 万元/km²；当负荷密度为 60MW/km² 时，单位面积年费用为 1496 万～1528 万元/km²。

（2）两供一备结构单位面积年费用最低，随负荷密度的增高而增大。对于架空系统，当负荷密度为 1MW/km² 时，单位面积年费用为 4 万～6 万元/km²；当负荷密度为 60MW/km² 时，单位面积年费用为 41 万～53 万元/km²。两供一备结构是七种结构中经济性最好的，但其初始投资较高。

（3）一供一备结构单位面积年费用略高于两供一备结构，随负荷密度的增高而增大。对于架空系统，当负荷密度为 1MW/km² 时，单位面积年费用为 4 万～

8 万元/km²；当负荷密度为 60MW/km² 时，单位面积年费用为 48 万～67 万元/km²。

(4) 双电源单环网、双环网、三电源环网结构单位面积年费用相当，略高于一供一备结构，随负荷密度的增高而增大。对于架空系统，当负荷密度为 1MW/km² 时，单位面积年费用为 5 万～9 万元/km²；当负荷密度为 60MW/km² 时，单位面积年费用为 74 万～93 万元/km²。

(5) 双回路平行辐射结构单位面积年费用高于双电源单环网、双环网、三电源环网结构，约为一供一备结构单位面积年费用的 2 倍。对于架空系统，当负荷密度为 1MW/km² 时，单位面积年费用为 9 万～17 万元/km²；当负荷密度为 60MW/km² 时，单位面积年费用为 84 万～140 万元/km²。

(6) 总体看，单电源辐射结构单位面积年费用最高，且负荷密度越大，与其他配电网结构的差别越大；双回路平行辐射结构次之；双电源单环网、双环网和三电源环网三种结构的单位面积年费用基本相当；两供一备结构单位面积年费用最低；一供一备结构单位面积年费用略高于两供一备结构。

(7) 对同一种配电网结构，架空系统的经济性优于电缆系统。

将单位少供电量损失的 GDP 不同的两种情况进行对比，可以得出以下结论。

(1) 单电源辐射结构单位面积年费用最高，且随负荷密度、单位少供电量损失的 GDP 增大而迅速增大。

(2) 随着单位少供电量损失的 GDP 增大，一供一备结构的变化较为缓慢，双回路平行辐射与一供一备结构相似，两供一备结构的变化略大于一供一备结构，双电源单环网、双环网和三电源环网结构对单位少供电量损失的 GDP 的敏感度大于两供一备结构。

(3) 随着单位少供电量损失的 GDP 的增加，N 供一备结构相对其他配电网结构将更具经济性。当单位少供电量损失的 GDP 为 20 元/(kW·h) 时，一供一备结构的单位面积年费用低于双电源单环网、双环网和三电源环网结构；而当单位少供电量损失的 GDP 为 5 元/(kW·h) 时，一供一备结构的单位面积年费用高于双电源单环网、双环网和三电源环网结构。

(4) 电缆系统的单位面积年费用对单位少供电量损失的 GDP 的敏感度低于架空系统。随着单位少供电量损失的 GDP 的提高，电缆系统的单位面积年费用与架空系统的差距将缩小。

(5) 在单位少供电量损失的 GDP 相同的条件下，负荷密度的变化不能改变一种配电网结构相对其他结构的经济性。

(6) 在负荷密度相同的条件下，单位少供电量损失的 GDP 的变化可以改变一种配电网结构相对其他结构的经济性，且可改变电缆系统相对架空系统的经济性。

（7）单位少供电量损失的 GDP 越高，可靠性越高的配电网结构将越具有相对经济性。

当从经济角度选择配电网结构时，可以考虑下述方式。

（1）单电源辐射结构经济性最差，在条件许可时，不宜选用单电源辐射结构。但当单位少供电量损失的 GDP 较低且负荷密度也较低时，如单位少供电量损失的 GDP 低于 1 元/(kW·h)、负荷密度低于 $1MW/km^2$，单位面积年费用将接近其他结构的单位面积年费用，又由于它具有初始投资较低的特点，单电源辐射结构将具有较好的经济性，这种情况下可以选取单电源辐射结构。

（2）双回路平行辐射结构的经济性优于单电源辐射结构，但单位面积年费用高于其他配电网结构，若无特殊情况（如出线间隔不足、廊道不足、专线用户较多且集中等）不宜选取。

（3）一供一备、两供一备、双电源单环网、双环网和三电源环网结构在经济性上相差不大，在负荷密度大于 $1MW/km^2$ 时，可分情况选取：

①当负荷在 3117.6kW 以下时，可选择双电源单环网、一供一备结构。

②当负荷为 3117.6～6235.2kW 时，可选择双电源单环网、一供一备、双回路平行辐射结构。

③当负荷为 6235.2～9352.8kW 时，可选择双环网、两供一备、三电源环网结构。

④当负荷为 9352.8～12470.4kW 时，可选择双环网、两供一备结构。

6.3.5　资源占用分析

表 6-8 给出了各类配电网结构出线间隔、线路走廊占用及可扩展性情况。

表 6-8　各类配电网结构资源占用一览表

序号	配电网结构	出线间隔	线路走廊	可扩展性
1	单电源辐射	1	1	扩展方便，易于向任一供电模式扩展
2	双电源单环网	2	2	可方便地由单电源辐射扩展，易于向三电源环网、双环网扩展
3	三电源环网	3	3	可方便地由单电源辐射、双电源单环网扩展，可向双环网扩展
4	双环网	4	4	可方便地由单电源辐射、双电源单环网、三电源环网扩展，可向井字型接线模式扩展
5	一供一备	2	2	可方便地由单电源辐射扩展，易于向两供一备、双回路平行辐射扩展
6	两供一备	3	3	可方便地由单电源辐射、一供一备扩展，可向三供一备、多回路平行辐射扩展
7	双回路平行辐射	2	2	可由单电源辐射演变，可方便地向三电源环网、双环网过渡

由表 6-8 可以得出以下结论。

(1)双环网占用间隔最多,单电源辐射结构占用间隔最少,占用线路走廊也最少。

(2)单电源辐射、双电源单环网、一供一备结构具有较好的可扩展性,可以作为相应结构的过渡。

6.4　中压配电网结构的适用选择

从以上分析可知,配电网的适用选择较为复杂,不能由单纯的一个条件决定。从总体看,对配电网结构的适用选择影响较大的是供电能力,在满足供电能力的前提下,可靠性、单位少供电量损失的 GDP 对经济性影响较大,负荷密度、供电半径往往也起较大作用,其他一些因素在模式选择时往往有不可忽视的影响。

表 6-9 给出了架空系统在同一负荷密度、同一供电半径时的经济性顺序。

表 6-9　架空系统在同一负荷密度、同一供电半径时的经济性顺序

负荷密度/(MW/km²)	供电半径/km	单电源辐射	双电源单环网	三电源环网	双环网	一供一备	两供一备	双回路平行辐射
1	0.50	1	2	4	7	3	5	6
	1.00	1	2	4	7	3	5	6
	1.50	1	2	4	7	3	5	6
	2.00	1	2	4	7	3	5	6
5	0.50	1	2	4	7	3	5	6
	1.00	1	2	4	7	3	5	6
	1.50	1	2	4	7	3	5	6
	2.00	1	2	4	7	3	5	6
10	0.50	1	2	4	7	3	5	6
	1.00	1	2	4	7	3	5	6
	1.50	2	1	4	7	3	5	6
	2.00	4	1	2	6	5	3	7
20	0.50	1	2	4	7	3	5	6
	1.00	1	2	4	7	3	5	6
	1.50	5	3	1	4	7	2	6
	2.00	4	3	1	5	6	2	7

续表

负荷密度/ (MW/km²)	供电 半径/km	单电源 辐射	双电源 单环网	三电源 环网	双环网	一供一备	两供一备	双回路 平行辐射
30	0.50	1	2	4	7	3	5	6
	1.00	3	1	2	7	4	5	6
	1.50	5	3	1	4	6	2	7
	2.00	5	3	1	4	6	2	7
40	0.50	1	2	4	7	3	5	6
	1.00	4	2	1	6	5	3	7
	1.50	5	3	1	4	6	2	7
	2.00	5	3	1	4	6	2	7
60	0.50	1	2	4	7	3	5	6
	1.00	5	3	2	4	6	1	7
	1.50	5	4	1	2	6	3	7
	2.00	5	4	1	2	6	3	7

各配电网结构的适用选择可按下述方式进行。

1. 单电源辐射结构适用选择

符合下列条件的，适用单电源辐射结构：

(1) 供电可靠率要求低于 99.8%。

(2) 需要的供电能力小于 3117.6kW 且可靠率要求低于 99.8%。

(3) 负荷密度低于 1MW/km²、对可靠性要求不高、单位少供电量损失的 GDP 低于 1 元/(kW·h)。

(4) 可以不计少供电量损失的影响或该影响较小，负荷密度小于 5MW/km²，或负荷密度小于 10MW/km² 而大于 5MW/km² 且供电半径小于 1km。

(5) 向其他配电网结构的过渡供电模式。

2. 双电源单环网结构适用选择

符合下列条件的，适用双电源单环网结构：

(1) 供电可靠率要求高于 99.8% 而低于 99.99%。

(2) 需要的供电能力小于 6235.2kW 且可靠率要求低于 99.99%。

(3) 可以不计少供电量损失的影响或该影响较小，负荷密度小于 40MW/km² 而大于 5MW/km²，或负荷密度小于 60MW/km² 而大于 40MW/km² 且供电半径小于 1km。

(4)向三电源环网、两供一备、双环网等结构的过渡结构。

3. 一供一备结构适用选择

符合下列条件的，适用一供一备结构：

(1)供电可靠率要求极高，高于99.99%。

(2)需要的供电能力小于6235.2kW且可靠率要求不低于99.99%。

(3)需要的供电能力小于6235.2kW，负荷中断将造成的经济损失较大，或对政治、公众安全产生较大的负面影响。

(4)负荷密度小于40MW/km^{2}且需要考虑少供电量损失或可靠性要求较高。

(5)向三电源环网、两供一备、双环网等结构的过渡结构。

(6)其他对故障隔离、用电安全等有特殊需要的情况。

4. 两供一备结构适用选择

符合下列条件的，适用两供一备结构：

(1)供电可靠率要求极高，高于99.99%。

(2)需要的供电能力小于12470.4kW且可靠率要求不低于99.99%。

(3)需要的供电能力大于6235.2kW，负荷中断将造成的经济损失较大，或对政治、公众安全产生较大的负面影响。

(4)负荷密度大于60MW/km^2。

(5)现有一供一备结构供电能力不足，需要扩展系统。

(6)其他对故障隔离、用电安全等有特殊需要的情况。

5. 三电源环网结构适用选择

符合下列条件的，适用三电源环网结构：

(1)供电可靠率要求不甚高，低于99.99%。

(2)需要的供电能力小于9352.8kW且可靠率要求低于99.99%。

(3)负荷密度大于20MW/km^2。

(4)现有的单电源辐射、双电源单环网或一供一备结构供电能力不足，需要扩展系统。

(5)向双环网结构过渡。

(6)其他有特殊需要的情况。

6. 双环网结构适用选择

符合下列条件的，适用双环网结构：

(1)供电可靠率要求不甚高，低于 99.99%。

(2)需要的供电能力小于 12470.4kW 且可靠率要求低于 99.99%。

(3)负荷密度大于 60MW/km^2。

(4)现有的单电源辐射、双电源单环网或三电源环网供电能力不足，需要扩展系统。

(5)其他有特殊需要的情况。

7. 双回路平行辐射结构适用选择

符合下列条件的，适用双回路平行辐射结构：

(1)供电可靠率要求极高，高于 99.99%。

(2)专线用户较多且较为集中。

(3)出线间隔不足。

(4)需要提供较多备用或互联电源而其他方案可行性不高。

(5)其他有特殊需要的情况。

需要说明的是，前述分析侧重于提供一种配电网结构选择的思路，而不是选择的原则和结论，需要具体情况具体分析。基于供电可靠性选择配电网结构时，前述的结论适用于自动化程度不高、运维检测和故障抢修水平一般的配电网。随着自动化程度、运维检测和故障抢修水平的提升，各配电网结构的供电可靠率均可大幅度提升，除辐射结构外，一定条件下各配电网结构的供电可靠率均可达到 99.999%甚至 99.9999%，规划设计时应根据区域具体情况，结构供电能力及设备、自动化等技术状况选择相适应的配电网结构。

第7章　高压配电网结构

7.1　高压配电网典型结构

高压配电网较常见的接线分为辐射接线及环网接线两类。辐射接线可分为单辐射接线和链状接线，环网接线又可分为自环网接线和双电源环网接线。

1. 辐射接线

1) 单辐射接线

高压配电网单辐射接线如图 7-1 所示。从电源点出一回线至变电站的接线形式，通常用于可靠性要求较低、负荷密度不高的情况。

图 7-1　高压配电网单辐射接线

2) 链状接线

(1) 链状接线 A。

高压配电网链状接线 A 如图 7-2 所示。两至三座变电站串接于一回线路上，变电站主接线可采用桥接线、单母线、单母线分段，终端变电站主接线还可采用线路变压器组，通常用于可靠性要求不高、负荷密度较低的农村。

图 7-2　高压配电网链状接线 A

(2) 链状接线 B。

高压配电网链状接线 B 如图 7-3 所示。两座变电站接于一回高压线路上，其中一座变电站 T 接于高压线路上。变电站主接线可采用桥接线、单母线、单母线分段或线路变压器组，通常用于另一侧电源点滞后或只有一侧有电源点的情况。

由于辐射接线简单，只要整体上采取适当的措施(如和 T 形接线相结合，变压器取低负荷率等)，它的可靠性就可以满足一般用户的要求。此外，这种接线对实施自动化特别有利。

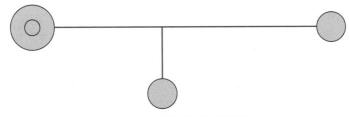

图 7-3　高压配电网链状接线 B

2. 环网接线

环网接线为双电源结构,满足 $N-1$ 准则。按双电源可靠性水平的不同将双电源分成三级。

第一级,电源来自不同发电厂,或一个发电厂和一个变电站,或不同电源的两座变电站。

第二级,电源来自不同变电站,或同一个变电站两条母线分段的母线。

第三级,电源来自同一个变电站双母线的正、副母线或不同分段。

1) 自环网接线

当需要采用双电源供电而只有一个电源点时,考虑从电源点出两回线,形成自环网接线。

(1) 自环网接线 A。

高压配电网自环网接线 A 如图 7-4 所示,适用于一个变电站的情况。

图 7-4　高压配电网自环网接线 A

(2) 自环网接线 B。

高压配电网自环网接线 B 如图 7-5 所示,适用于有两至三座变电站的情况。

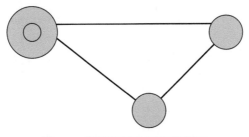

图 7-5　高压配电网自环网接线 B

(3) 自环网接线 C。

高压配电网自环网接线 C 如图 7-6 所示，单电源的"双 T"接线，两座变电站接于二回线上，其中一座变电站"T"接于二回线上，变电站主接线可采用桥接线、单母线、单母线分段或线路变压器组。这种接线的主要优点是简单、投资省，有较高的可靠性；继电保护方式简单可靠，对架空线路装设自动重合闸装置，变电站装备用电源自动投切。这种接线方式通常用于电源点布点不足或可靠性要求不高的情况。

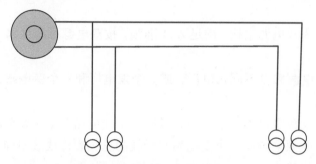

图 7-6　高压配电网自环网接线 C

(4) 自环网接线 D。

高压配电网自环网接线 D 如图 7-7 所示，单电源的"三 T"接线，两座变电站接于三回线上，其中一座变电站"T"接于三回线上，变电站主接线采用线路变压器组。任一电源线路故障或停运时，只需在受端变电站内进行适当的操作(高负荷率时还需操作变压器低压侧联络线)，把接于停运线路变压器的负荷转移给其余两台变压器。与"双 T"接线比较，这种接线方式的优点是设备利用率提高了，变电站可用容量也有所提高，通常用于电源点建设滞后或只有一侧有电源点的情况。

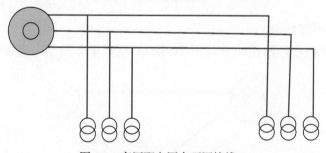

图 7-7　高压配电网自环网接线 D

2) 双电源环网接线

当有条件时，单侧电源可发展为双侧电源，供电可靠性大大提高。正常时只有一侧送电，一侧电源退出时另一侧电源自动投入。考虑到线路上的负荷转移，要求各回线路导线截面相同；继电保护必须考虑到双侧电源。

（1）双电源环网接线 A。

高压配电网双电源环网接线 A 如图 7-8 所示。当变电站位于两个电源点之间时，考虑由两个电源点各出一回线路，形成双电源环网结构。

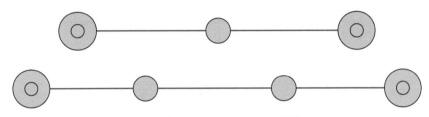

图 7-8　高压配电网双电源环网接线 A

（2）双电源环网接线 B。

高压配电网双电源环网接线 B 如图 7-9 所示。当变电站位于两个电源点之间时，考虑由两个电源点各出两回线路，形成双电源环网结构。

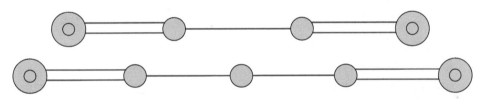

图 7-9　高压配电网双电源环网接线 B

（3）双电源环网接线 C。

高压配电网双电源环网接线 C 如图 7-10 所示。由两个电源点向两至三个变电站供电，采用"三 T"接线形式，变电站主接线可采用线路变压器组、单母线分段或桥接线。与单个电源点相比，接线更可靠，运行更灵活；在系统两端并列供电方式下，操作时要考虑是否会出现引起设备过负荷和短路容量过大的情况。

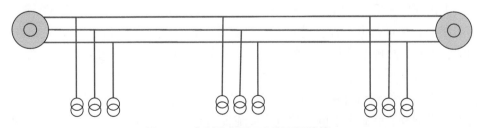

图 7-10　高压配电网双电源环网接线 C

(4)双电源环网接线 D。

高压配电网双电源环网接线 D 如图 7-11 所示。由两个电源点向两至三座变电站供电,相对接线 C 可以节省电源点的出线间隔,变电站主接线可采用线路变压器组、单母线分段或桥接线。

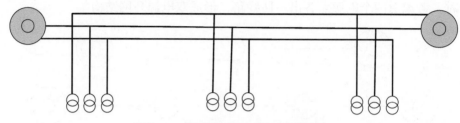

图 7-11　高压配电网双电源环网接线 D

按 $N-1$ 准则,35kV 及以上变电站的进线电源要达到双电源及以上的要求。可按双电源可靠性水平的不同将双电源分成三级。

第一级,电源来自两个发电厂,或一个发电厂和一个变电站,或两个变电站,也就是手拉手形式。

第二级,电源来自同一个变电站一个断路接线不同串的两条母线,或同一个变电站两条母线分段的母线。

第三级,电源来自同一个变电站双母线的正、副母线。

对于供电可靠性要求高的供电区,110kV 变电站应逐步达到第一级双电源标准。在远景规划中,110kV 变电站按第一级标准规划,但在过渡过程中,允许第二级、第三级标准变电站的存在。

7.2　变电站一次侧主接线

7.2.1　变电站一次侧主接线方式

电气主接线是变电站规划设计的重要部分,也是构成电力系统的重要环节。主接线的确定与配电网结构,变电站本身运行的可靠性、灵活性和经济性密切相关,并且对电气设备选择、配电装置布置、继电保护和控制方式有较大影响,在配电网规划建设中,必须全面分析有关影响,正确处理各方面的关系,通过技术经济比较,合理确定主接线。

在主接线规划设计中应以变电站在系统中的地位和作用、变电站的分期和最终建设规模、负荷大小的重要性、系统备用容量大小为依据,并满足可靠性、灵活性和经济性三项基本要求。

变电站一次侧接线方式主要有单母线接线、单母线分段接线、桥接线、线路变压器组接线、T 形接线、单母线带旁路母线接线、双母线接线、双母线分段接线等多种方式。以下介绍其中几种。

1. 单母线接线

单母线接线是由线路、主变压器回路和一组母线所组成的电气主接线，如图 7-12所示。这种接线的优点是简单清晰、设备较少、操作方便、便于扩建和采用成套配电设备；缺点是不够灵活，任一元件故障或检修，均需使整个配电装置停电。

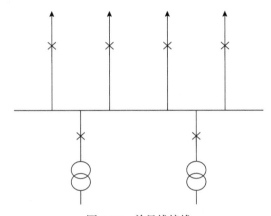

图 7-12　单母线接线

2. 单母线分段接线

单母线分段接线是装设分段断路器将单母线分成两段，将变压器和线路分别接到两段母线上的电气主接线，如图 7-13 所示。单母线分段接线具有与单

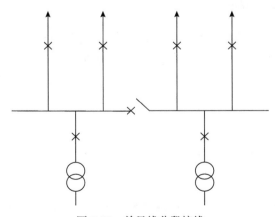

图 7-13　单母线分段接线

母线接线相同的简单、方便等优点，而且提高了供电可靠性，重要用户可以从不同段引出两个回路，有两个供电电源。当一段母线故障时，分段断路器自动将故障段切除，保证正常段母线不间断供电和不致使重要用户停电。其缺点为当一段母线或母线隔离开关故障或检修时，该段母线的回路都要在检修期间内停电；当出线为双回路时，常使架空线路出现交叉跨越。

3. 桥接线

桥接线主要有内桥接线、外桥接线及扩大内桥接线三种形式，如图 7-14 所示。

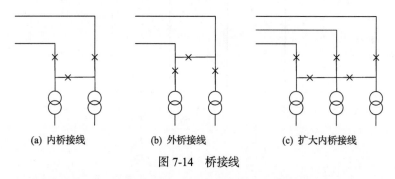

(a) 内桥接线　　　　　　　(b) 外桥接线　　　　　　　(c) 扩大内桥接线

图 7-14　桥接线

内桥接线在线路有足够的容量时，能够一条线路供两台变压器，供电可靠性较高，但结构及继电保护较复杂。当变压器发生故障时，桥开关不起作用。外桥接线适用于变压器经常投切或线路上有较大穿越功率的情况。扩大内桥接线相对内桥接线来说，结构及继电保护更复杂，实际应用较少。

桥接线使用断路器台数较少，其配电装置占地也少，但扩建的余地较少。

4. 线路变压器组接线

线路变压器组，原则上在一个变电站内，一回线路接一台变压器，但必要时也可两回线路接三台变压器，形式如图 7-15 所示。

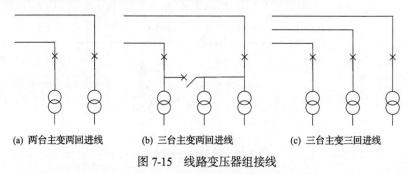

(a) 两台主变两回进线　　　　(b) 三台主变两回进线　　　　(c) 三台主变三回进线

图 7-15　线路变压器组接线

线路变压器组是一种最简单清晰、设备较少、占地少的接线方式。采用图 7-15 中接线(a)、接线(c)时，一条线路故障，对应的一台变压器停运，对供电能力有一定影响。线路变压器组接线适用于终端变电站。

5. T 形接线

T 形接线如图 7-16 所示，结构也较简单，适用于终端变电站，也适用于中间变电站。T 形接线可靠性高，调度灵活，便于故障隔离。但断路器数量相对较多，造价高于线路变压器组接线。

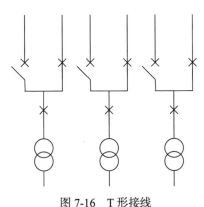

图 7-16　T 形接线

7.2.2　变电站一次侧主接线分析

下面对 T 形接线、线路变压器组接线、桥接线三种一次侧主接线方式进行分析。

1. 经济性比较

线路变压器组接线平均 1 台主变占用 1 台断路器，桥接线占用 1.5 台断路器，而 T 形接线占用 3 台断路器。从经济性上来说，以线路变压器组接线经济性最优，桥接线次之，T 形接线造价比线路变压器组接线、桥接线略高。三种主接线方式，结构均较简单，占地面积也均较小。

2. 可靠性比较

取 110kV 架空线路停运率为 0.2 次/(100km·年)，电缆线路停运率为 0.1 次/(100km·年)，平均修复时间为 50h/(100km·年)；110kV 断路器停运率为 3 次/(100 台·年)，平均修复时间为 45h/(100 台·年)；110kV 主变压器停运率为 2.5 次/（100 台·年），平均修复时间为 80h/（100 台·年）。取 110kV 线路长度为 10km。

表 7-1 给出了 110kV 变电站 3 台主变压器时的线路变压器组接线、桥接线、T 形接线的"不允许"事件发生的次数及期望时间。

表 7-1　线路变压器组接线、桥接线、T 形接线的变电站故障指标

主接线方式	线路系统	3 台主变停运		2 台主变停运		1 台主变停运	
		次数	修复时间/(h/年)	次数	修复时间/(h/年)	次数	修复时间/(h/年)
线路变压器组接线	电缆	0.00025	0.005	0.0117	0.235	0.177	3.6
	架空	0.0004	0.0097	0.0148	0.36	0.203	4.9
桥接线	电缆	0.00025	0.005	0.0018	0.058	0.071	2.3
	架空	0.0004	0.0097	0.0018	0.058	0.071	2.3
T 形接线	电缆	0.0002	0.002	0.0084	0.09	0.146	1.63
	架空	0.0002	0.002	0.0085	0.09	0.146	1.62

从表 7-1 可得出以下结论。

（1）比较线路变压器组接线方式和桥接线方式，3 台主变停运的次数相同，修复时间也相同，每年平均修复时间不足 1min。

（2）架空系统线路变压器组接线 2 台主变停运的次数约是桥接线的 8 倍（电缆系统约是 6.5 倍）、修复时间约是桥接线的 6.2 倍（电缆系统约是 4 倍）。电缆系统的线路变压器组接线每年修复时间在 14min 左右。

（3）线路变压器组 1 台主变停运的次数是桥接线的 2～3 倍，修复时间是 2 倍左右。架空系统线路变压器组接线每年修复时间在 4.9h 左右。

（4）三种接线方式各项指标中，以 T 形接线最优，桥接线次之。

（5）当主变压器有备用时，线路变压器组接线、桥接线均能满足 $N-1$ 准则，在 1 台主变压器停运后均能向用户正常供电。

3. 运行灵活性比较

线路变压器组接线、桥接线、T 形接线三种主接线方式中，以 T 形接线调度最为灵活，且可靠性高，其他两种差别不大。三种主接线方式在运行中的主要区别见表 7-2。

表 7-2　三种主接线方式在运行中的主要区别

主接线方式	非正常元件	110kV 电缆/线路	主变压器	进线断路器退出运行
线路变压器组接线	故障后	影响 1 台主变压器供电, 失电 10kV 母线依靠分段断路器自切动作, 由同一变电站内其他主变压器供电	失电 10kV 母线依靠分段断路器自切动作, 由同一变电站内其他主变压器供电	失电 10kV 母线依靠分段断路器自切动作, 由同一变电站内其他主变压器供电
	经操作	如果主变压器不过负荷, 无其他操作	如果主变压器不过负荷, 无其他操作	如果主变压器不过负荷, 无其他操作
桥接线	故障后	失电 10kV 母线依靠分段断路器自切动作, 由同一变电站内其他主变压器供电	失电 10kV 母线依靠分段断路器自切动作, 由同一变电站内其他主变压器供电	影响 1 台主变压器供电, 失电 10kV 母线依靠分段断路器自切动作, 由同一变电站内其他主变压器供电
	经操作	可维持 3 台主变压器供电	如果主变压器不过负荷, 无其他操作	可维持 3 台主变压器供电
T 形接线	故障后	影响 1 台主变压器供电, 失电 10kV 母线依靠分段断路器自切动作, 由同一变电站内其他主变压器供电	失电 10kV 母线依靠分段断路器自切动作, 由同一变电站内其他主变压器供电	影响 1 台主变压器供电, 失电 10kV 母线依靠分段断路器自切动作, 由同一变电站内其他主变压器供电
	经操作	可维持 3 台主变压器供电	如果主变压器不过负荷, 无其他操作	可维持 3 台主变压器供电

注: 非正常元件指故障或不能正常工作状态的断路器、隔离开关、母线、变压器等设备。

综合经济性、可靠性和运行灵活性, 可得出以下结论。

(1)桥接线与线路变压器组接线相比, 可靠性优势不明显, 占地面积、断路器数量大于线路变压器组接线。两种接线中, 3 台主变全停的概率、修复时间相当; 虽然桥接线主变压器停 1 台的概率较小, 但线路变压器组接线同样能满足 $N-1$ 准则; 桥接线主变压器停 2 台的概率优于线路变压器组接线, 但两者年修复时间差别不大, 特别是随着预安排停运次数及时间的减少, 两者差别将更小。再者桥接线投资大于线路变压器组接线, 且较难扩建、继电保护复杂。

(2)由于扩大内桥接线应用较少, 桥接线主要适用于最终规模为 2 台主变的变电站, 当 110kV 变电站主变为 3~4 台时, 不宜采用桥接线。

(3)线路变压器组接线简单, 占地少, 对主变规模为 3~4 台的变电站也适用。由于线路变压器组接线适合于终端变电站, 不适用于向其他变电站转供电的变电站, 适用辐射结构, 但对于手拉手、环网的结构方式则不完全适用。因而, 尚需采用其他接线方式与线路变压器组接线配合使用。

(4)T 形接线可靠性指标最优, 运行方式灵活, 既适用于终端变电站, 也适用于中间变电站, 具有桥接线、线路变压器组接线不可替代的作用, 使用断路器较多。

7.3 高压配电网布局分析

7.3.1 变电站供电半径优化分析

设负荷密度为 σ，主变容载比为 k_1，变电站投资为 $c + dk_1P$（c 为变电站固定投资，P 为变电站最大供电负荷，k_1P 为主变容量，d 为单位主变容量增加的投资），二次侧线路单位投资为 b，一次侧进线线路单位投资为 f，变电站供电范围是边长为 $2a$ 的正方形，二次侧平均出线长度为 k_2a，一次侧进线平均长度为 $2k_3a$（其中 k_2、k_3 为路径曲折系数，一般取 $1.1\sim1.5$），二次侧每条出线平均负荷为 P_1，供电区域总面积为 A，则可推出全供电区变电站总投资为

$$\text{Cost} = A\left(\frac{c}{4a^2} + dk_1\sigma + \frac{k_2}{P_1}ab\sigma + \frac{k_3f}{2a} \right) \tag{7-1}$$

可得出当满足式(7-2)时投资最优：

$$\frac{2bk_2}{P_1}\sigma a^3 - k_3fa - c = 0 \tag{7-2}$$

称满足式(7-2)的 a 为经济供电半径。

由式(7-2)可知：

(1)在假定条件下，经济供电半径与主变容载比无关，总投资与主变容载比成正比。

(2)当不考虑一次侧进线线路投资时，经济供电半径与负荷密度的关系为

$$a^3\sigma = \frac{cP_1}{2k_2b} \tag{7-3}$$

a^3 与负荷密度 σ 成反比，其关系如图 7-17 所示。

(3)当不考虑二次侧线路投资时，可求出 a 小于 0 且与 σ 无关，说明这种情况下不存在极值点。投资的导数小于 0，说明投资为 a 的递减函数，σ 一定时 a 越大投资越小。此时，a 将受到变电站最大供电能力、经济供电半径等的制约，可取

$$a = \min\left(\frac{1}{2}\sqrt{\frac{S_{\max}}{\sigma}}, \ r \right) \tag{7-4}$$

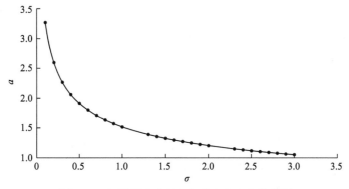

图 7-17　经济供电半径与负荷密度变化趋势图

其中，r 为考虑各种约束后的最大允许供电半径；S_{max} 为考虑各种条件后的变电站最大允许容量。

(4) 当既考虑一次侧进线线路投资，又考虑二次侧线路投资时，可推导出：

$$a = \sqrt[3]{\frac{c}{2m\sigma} + \sqrt{\frac{c^2}{4m^2\sigma^2} - \frac{n^3}{27m^3\sigma^3}}} + \sqrt[3]{\frac{c}{2m\sigma} - \sqrt{\frac{c^2}{4m^2\sigma^2} - \frac{n^3}{27m^3\sigma^3}}} \tag{7-5}$$

其中，$m = \dfrac{2bk_2}{p_1}$，$n = k_3 f$。

由于在推导过程中，各参数均为估算值，并不一定和实际工程严格符合，且所设定供电区域为正方形与实际也有一定差异，上述结论不一定是最恰当的，且存在一定误差，但具有参考价值。

7.3.2　变电站主变台数及容量分析

1. 变电站主变台数规划

对 110kV 及以上变压器来说，变压器优化负载率为 0.79～0.97，综合考虑变压器负载率在 0.75 及以上时运行是经济的。

按 $N-1$ 准则，保证一台变压器故障不引起其他变压器过负荷（或事故过负荷）条件下，当主变为 2 台时，为达到这一要求，2 台同容量的变压器只能各自带 50%～65% 的负荷；而当主变为 3 台时，则每台主变可带 67%～87% 的负荷（在变压器经济运行范围内），而备用容量则降至 50%（或 25%）；当主变为 4 台时，每台主变可带 75%～90% 的负荷，也在最佳经济运行范围内，备用容量可降至 33%（或 10%）。可以看出，变电站配置 3～4 台主变后，系统变电容量不是增加了而是降低了（备用容量降低），有利于充分利用变电设备容量。

对于负荷密度较高区域，变电站的布点会面临极大挑战，在长期规划中采用多台主变以缓解变电站的征地压力和减少进出线通道是必要的，也是可行的。在变电站的规划中，对于负荷密度较高的供电区域可以考虑远景 3～4 台主变以应对不断增长的负荷需求。

2. 变电站主变容量优化

根据预测出的负荷密度，计算出经济供电半径，进而可确定出每座变电站供电负荷；再由选定的主变台数、容载比，可方便地确定出主变容量。

7.3.3　算例分析

设每座 110kV 变电站与容量无关的投资为 2500 万元，每座 35kV 变电站与容量无关的投资为 1250 万元，每公里 10kV 电缆线路投资 100 万元，每条 10kV 线路正常供电负荷为 0.35 万 kW，110kV、35kV 变电站每千瓦增容费用均为 300 元。可求出 35kV、110kV 变电站供电负荷与负荷密度的关系如表 7-3 和表 7-4 所示。

表 7-3　35kV 变电站供电负荷与负荷密度关系一览表

供电负荷/万 kW	1.6	1.7	1.8	1.9	2	2.1	2.2	2.3	2.4	2.5
负荷密度/(万 kW/km²)	0.011	0.014	0.016	0.019	0.022	0.026	0.029	0.034	0.038	0.043
供电负荷/万 kW	2.6	2.7	2.8	2.9	3	3.1	3.2	3.3	3.4	3.5
负荷密度/(万 kW/km²)	0.049	0.055	0.061	0.068	0.075	0.083	0.091	0.1	0.109	0.119
供电负荷/万 kW	3.6	3.7	3.8	3.9	4	4.1	4.2	4.3	4.4	4.5
负荷密度/(万 kW/km²)	0.129	0.14	0.152	0.164	0.177	0.191	0.205	0.22	0.236	0.252

表 7-4　110kV 变电站供电负荷与负荷密度关系一览表

供电负荷/万 kW	7	7.1	7.2	7.3	7.4	7.5	7.6	7.7	7.8	7.9
负荷密度/(万 kW/km²)	0.237	0.248	0.258	0.269	0.281	0.292	0.304	0.316	0.329	0.341
供电负荷/万 kW	8	8.1	8.2	8.3	8.4	8.5	8.6	8.7	8.8	8.9
负荷密度/(万 kW/km²)	0.355	0.368	0.382	0.396	0.41	0.425	0.44	0.456	0.472	0.488
供电负荷/万 kW	9	9.1	9.2	9.3	9.4	9.5	9.6	9.7	9.8	9.9
负荷密度/(万 kW/km²)	0.505	0.522	0.539	0.557	0.575	0.594	0.613	0.632	0.652	0.672
供电负荷/万 kW	10	10.1	10.2	10.3	10.4	10.5	10.6	10.7	10.8	10.9
负荷密度/(万 kW/km²)	0.692	0.713	0.735	0.757	0.779	0.802	0.825	0.848	0.872	0.897

1. 供电半径分析

35kV 变电站供电能力受设备制造能力、短路电流、运行经济性等方面的限制，一般不宜过大。当 35kV 变电站最大供电负荷为 4.5 万 kW 时，对应的负荷密度为 0.252 万 kW/km^2。当负荷密度大于 0.252 万 kW/km^2 时，35kV 变电站不宜增大变电站容量，而需要增加变电站数量来满足负荷。

110kV 变电站供电能力也受设备制造能力、短路电流、运行经济性等方面的限制。当 110kV 变电站最大供电负荷为 10.9 万 kW 时，对应的负荷密度为 0.897 万 kW/km^2。当负荷密度大于 0.897 万 kW/km^2 时，110kV 变电站不宜增大变电站容量，而需要增加变电站数量来满足负荷。

结合该地区市配电网投资情况，当不考虑变电站容量受限制时，对 35kV 变电站的投资少于 110kV 变电站。

当负荷密度大于 35kV 变电站允许最大经济负荷对应的负荷密度时，该地区 35kV、110kV 变电站投资情况分析如下。

(1) 负荷密度大于 0.252 万 kW/km^2 而小于等于 0.897 万 kW/km^2。

35kV 变电站不宜增大变电站容量，而需要增加变电站数量来满足负荷。可通过确定出的 35kV 变电站最大供电负荷及总负荷，确定出 35kV 变电站的数量及投资；而 110kV 变电站仍可采用经济供电半径确定变电站数量及投资，将两者相比较，可算出在此条件下，35kV 变电站投资低于 110kV 变电站。

(2) 负荷密度大于 0.897 万 kW/km^2。

对于该地区 10kV 配电网，要求联系紧密，具有足够的互供能力，并满足负荷的要求。此条件下 10kV 配电网的规模与高压配电网的电压等级关系不大，可以认为 10kV 配电网规模不受高压配电网电压等级的影响，高压配电网主要影响 10kV 的供电范围和网损。高压变电站布点越密集，10kV 变电站供电半径越短，网损越小。

从投资角度选择高压配电网电压等级时，可以忽略 10kV 投资的差异，如果再忽略上级电网投资的差异，则仅计算不同电压等级的投资差异即可。

110kV 变电站的容量相当于 35kV 变电站的 3 倍左右，110kV 线路供电能力相当于 35kV 线路的 3 倍左右，这样可得到在满足同样的负荷下，35kV 变电站的数量相当于 110kV 变电站的 3 倍左右，35kV 线路规模也相当于 110kV 线路规模的 3 倍左右。因此，此条件下 35kV 变电站的投资大于 110kV 变电站的投资。

当负荷密度小于等于 0.897 万 kW/km^2 时，35kV 电压等级具有优势，投资较小;而当负荷密度大于 0.897 万 kW/km^2 时,110kV 电压等级具有优势,投资较小。负荷密度与高压配电网电压等级选择关系如表 7-5 所示。

表 7-5 负荷密度与高压配电网电压等级选择关系表

负荷密度/(万 kW/km^2)	≤0.897	>0.897
适宜电压等级	35kV	110kV

高负荷密度地区高压电压等级以 110kV 电压等级为主,35kV 及 110kV 电压等级并存为宜。

2. 110kV 变电站主变容量分析

当 10kV 线路采用导线型号为 LGJ-240 时,有
(1)最大长期允许负荷为 1.13 万 kV·A。
(2)当满负荷运行、允许电压降为 5%时,允许供电距离为 2.2km。
(3)当负荷沿线均匀分布时,允许供电距离为 4.4km。

考虑到 10kV 线路转供电频繁,在正常情况下可以控制 10kV 线路最大配电容量在其允许容量的 50%左右。当正常运行电流控制在 200～250A、功率因数为 0.9 时,每条 10kV 线路正常情况下供电负荷为 0.31 万～0.39 万 kW。

以投资最优为目标考虑时,设每座 110kV 变电站与容量无关的投资为 2500 万元,每公里 10kV 电缆线路投资 100 万元,每条 10kV 线路正常供电负荷为 0.35 万 kW,则经济供电半径与负荷密度关系如表 7-6 和图 7-18 所示。

表 7-6 经济供电半径与负荷密度关系一览表

负荷密度/(万 kW/km^2)	0.1	0.2	0.3	0.4	0.5	0.6	0.7	0.8	0.9	1
经济供电半径/km	3.27	2.60	2.27	2.06	1.91	1.80	1.71	1.64	1.57	1.52
负荷密度/(万 kW/km^2)	1.1	1.2	1.3	1.4	1.5	1.6	1.7	1.8	1.9	2
经济供电半径/km	1.47	1.43	1.39	1.36	1.33	1.30	1.27	1.25	1.23	1.21
负荷密度/(万 kW/km^2)	2.1	2.2	2.3	2.4	2.5	2.6	2.7	2.8	2.9	3
经济供电半径/km	1.19	1.17	1.15	1.13	1.12	1.10	1.09	1.08	1.06	1.05

如果某地区负荷密度为 0.9 万～1.3 万 kW/km^2,由表 7-6 可确定出该地区平均 110kV 变电站经济供电半径为 1.39～1.57km,供电负荷为 8.9 万～10.0 万 kW。取容载比为 2.0,则主变容量为 17.8 万～20.0 万 kV·A。由于每座变电站以 3～4 台变压器为宜,则采用 3 台变压器时单台容量以 5.9 万～6.7 万 kV·A 为宜,

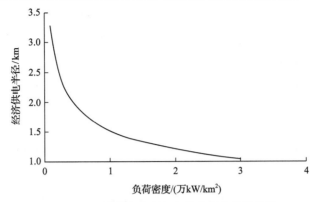

图 7-18　经济供电半径与负荷密度变化趋势图

采用 4 台变压器时单台容量以 4.5 万～5.0 万 kV·A 为宜。

　　由于在推导过程中，各参数均为估算值，并不一定和实际工程严格符合，且所设定供电区域为正方形与实际也有一定差异，上述结论不一定是最恰当的，而是有一定误差的，但具有参考价值。不妨将误差定为 1 万 kV·A，则该地区采用 3 台变压器时单台容量以 4.9 万～7.7 万 kV·A 为宜，采用 4 台变压器时单台容量以 3.5 万～6.0 万 kV·A 为宜。

　　为推行变压器选型的标准化和规范化，可考虑将单台变压器容量定为 4 万 kV·A、5 万 kV·A 两种类型，其中当负荷密度大于 0.9 万 kW/km^2 且小于 1.3 万 kW/km^2，采用 3 台变压器时，以选用单台变压器容量为 5 万 kV·A 较恰当；采用 4 台变压器时，选用单台变压器容量为 4 万 kV·A、5 万 kV·A 均合适，可根据具体情况确定。

　　采用 3 台变压器时，当负荷密度大于 1.3 万 kW/km^2 时，选用单台变压器容量为 5 万 kV·A 或 6.3 万 kV·A；当负荷密度小于 0.9 万 kW/km^2 时，选用单台变压器容量为 4 万 kV·A。

　　单台变压器容量配置如表 7-7 所示。

表 7-7　单台变压器容量配置一览表

负荷密度/(万 kW/km^2)	<0.9	0.9～1.3	>1.3
规划 3 台变压器/(万 kV·A)	4	5	5、6.3
规划 4 台变压器/(万 kV·A)	4	4、5	5

　　取每座 110kV 变电站的 10kV 出线按 30 回考虑、负荷同时率取为 0.8、两座 110kV 变电站的距离以 4.4km 为基准时，每座 110kV 变电站所供负荷为 7.4 万～9.4 万 kW，负荷密度为 0.382 万～0.486 万 kW/km^2。

　　当负荷密度低于基准值时，两座 110kV 变电站距离可增大，每条 10kV 线路正常条件下控制供电负荷将减小；当负荷密度高于基准值时，其距离将减小，每条 10kV 线路正常条件下控制供电负荷不变。

　　从而可以推出：

　　(1)当负荷密度高于基准值时，负荷密度反比于两座 110kV 变电站间距离的平方。

　　(2)当负荷密度低于基准值时，负荷密度反比于两座 110kV 变电站间距离的三次方。

　　根据规划区负荷密度求出供电区面积，进而可确定出主变台数及容量。

第8章 城乡配电网供电模式实例

8.1 供电区分类

8.1.1 县(区)行政区分类

选择具有城区、乡(镇)和村以及工业园区等的县(区)行政区作为城乡配电网供电模式实例。

2007 年，国家电网公司发布的《新农村电气化标准体系》中，明确把国家电网公司系统内的县、乡(镇)和村分为 A、B、C 三类，县的分类依据为全县年人均 GDP，全县年人均 GDP 大于 3.5 万元的为 A 类县，小于等于 3.5 万元、大于等于 1.5 万元的为 B 类县，小于 1.5 万元、大于 0.7 万元的为 C 类县。乡(镇)的分类依据为全乡(镇)年人均 GDP(万元)，村的分类依据为全村人均年纯收入。

在以经济水平将县及县以下行政区划分为 A、B、C 三类的同时，规定了新农村电气化建设的必备条件，其中用电水平是重要指标。

8.1.2 县(区)行政区典型供电区分类

按经济发展水平，县(区)行政区典型供电区域可分为超前发展型供电区域、全面小康型供电区域和发展小康型供电区域三类。简单起见，将超前发展型供电区域称为 A 类供电区域，全面小康型供电区域称为 B 类供电区域，发展小康型供电区域称为 C 类供电区域。

根据负荷水平进行分类时，根据负荷水平的高低，供电区域同样可分为 A、B、C 三类，其中 A 类为高负荷水平供电区域，B 类为中等负荷水平供电区域，C 类为负荷水平较低的供电区域。

综上所述，可将供电区域分为 A、B、C 三类。

A 类供电区域为具有以下一项或多项特征的区域：

(1)经济超前发展。

(2)负荷水平较高、比较密集。

(3)对供电质量要求较高。

(4)有其他特殊要求，如城市商业区、行政区、新建居民小区、工业园区及经济发达的乡(镇)、县等。

B类供电区域为具有以下一项或多项特征的区域：

(1)经济全面达到小康水平。

(2)负荷水平一般但相对密集。

(3)对供电质量要求相对较高，如一般性城市及其周边区域、经济相对发达的乡(镇)、县等。

C类供电区域为A类、B类之外的区域，该类区域负荷密度相对较低，经济水平一般，对电能质量要求不高，如自然村、经济不甚发达的乡(镇)等。

某供电区域配电网包括一个或多个电压等级，以低压(380/220V)为最高供电电压的区域称为低压供电区域，以中压(6～20kV)为最高供电电压的区域称为中压供电区域，以高压(35kV及以上)为最高供电电压的区域称为高压供电区域。

1. 低压供电区域分类标准

低压供电区域分类标准按经济发展水平划分。

(1)A类低压供电区域：年人均纯收入达到0.6万元以上的村。

(2)B类低压供电区域：年人均纯收入达到0.3万～0.6万元的村。

(3)C类低压供电区域：年人均纯收入达到0.15万～0.3万元的村。

2. 中压供电区域分类标准

当供电区域符合下列条件之一时，为A类中压供电区域：

(1)年人均GDP达到2.5万元以上的乡(镇)。

(2)现状负荷密度大于 $3.0MW/km^2$ 或规划负荷密度大于 $9.0MW/km^2$ 的县城商业区、县城综合区、县城周边工业区、县城周边综合区、乡(镇)中心综合区。

(3)较为集中的新建居住区、商业区、工业区。较为集中指居住区建筑面积或占地面积在 10 万 m^2 以上、商业区占地面积在 $0.2km^2$ 以上、工业园区占地面积在 $2.0km^2$ 以上。

当供电区域符合下列条件之一时，为B类中压供电区域：

(1)年人均GDP达到1.2万～2.5万元的乡(镇)。

(2)现状负荷密度在 $1.5～3.0MW/km^2$ 或规划负荷密度在 $4.0～9.0MW/km^2$ 的县城商业区、县城综合区、县城周边工业区、县城周边综合区、乡(镇)中心综合区。

(3)距本地区负荷中心较近、不满足 A 类区域要求、有发展潜力的区域。

区域条件同时符合 A、B 类划分要求时,区域类别按 A 类计列。

除以上规定之外的中压供电区域为 C 类中压供电区域。

3. 高压供电区域分类标准

当供电区域符合下列条件之一时,为 A 类高压供电区域:

(1)年人均 GDP 达到 2.5 万元以上的乡(镇)。

(2)现状负荷密度大于 3.0MW/km^2 或规划负荷密度大于 6.0MW/km^2 的县城/城市化区。

(3)现状负荷密度大于 4.0MW/km^2 或规划负荷密度大于 10.0MW/km^2、近期年最大负荷大于 30.0MW 的工业园区。

当供电区域符合下列条件之一时,为 B 类高压供电区域:

(1)年人均 GDP 达到 1.2 万~2.5 万元的乡(镇)。

(2)现状负荷密度大于 1.0MW/km^2 或规划负荷密度大于 5.0MW/km^2 的县城/城市化区。

(3)现状负荷密度大于 2.0MW/km^2 或规划负荷密度大于 6.0MW/km^2、近期年最大负荷大于 10.0MW 的工业园区。

除以上规定之外的高压供电区域为 C 类高压供电区域。

4. 行政区域分类标准

行政区域分类标准按经济发展水平进行划分。

1)A 类行政区

当行政区域符合下列条件之一时,为 A 类行政区:

(1)年人均纯收入达到 0.6 万元以上的村。

(2)年人均 GDP 达到 2.5 万元以上的乡(镇)。

(3)年人均 GDP 大于 3.5 万元的县(区)。

2)B 类行政区

当行政区域符合下列条件之一时,为 B 类行政区:

(1)年人均纯收入达到 0.3 万~0.6 万元的村。

(2)年人均 GDP 达到 1.2 万~2.5 万元的乡(镇)。

(3)年人均 GDP 在 1.5 万~3.5 万元的县(区)。

3)C 类行政区

当行政区域符合下列条件之一时,为 C 类行政区:

(1)年人均纯收入达到 0.15 万～0.3 万元的村。

(2)年人均 GDP 达到 0.5 万～1.2 万元的乡(镇)。

(3)年人均 GDP 在 0.7 万～1.5 万元的县(区)。

8.2　县(区)行政区典型供电模式分类

8.2.1　县(区)行政区典型供电区域配电网规划需求分析

按照前述供电区域分类方法,可将供电区域分为 A、B、C 三类。A 类供电区域为负荷比较密集(或者区域内人均用电水平较高)、对供电质量和可靠性要求较高或者有其他特殊要求的供电区域;B 类供电区域为负荷相对密集(或者区域内人均用电水平相对较高)、对供电质量和可靠性要求相对较高的供电区域;C 类供电区域为 A 类、B 类之外的区域,该类区域负荷密度相对较低,对电能质量要求不高。

1. A 类供电区域

1)电源

以 220kV 及以上变电站为主供电源,地方电厂、分布式电源为辅助电源。地方电厂、分布式电源以合适的电压接入系统。

2)高压配电网

高压配电网结构以不同电源间的拉手环网为主,变电站满足 N–1 准则。

高压配电网电压等级以 110(66)kV 为宜,35kV 仅作为用户变电站电压。

变电站设备可选用组合电器,高压配电装置布置方式以户内、半户内为主。主变变比选为 110(66)kV/10kV。

3)中压配电网

中压配电网为双电源拉手环网,有特殊要求时可采用电缆网。

配电变压器以箱变、配电室为主。

4)低压配电网

低压系统应全绝缘化,线路以架空为主,结构以辐射为主,条件许可时也可采用拉手环网结构。对新建区域可采用电缆网。

2. B 类供电区域

1)电源

以 220kV 及以上变电站为主供电源,地方电厂、分布式电源为辅助电源。

地方电厂、分布式电源以合适的电压接入系统。

2）高压配电网

高压配电网结构以环网为主，重要变电站满足 $N–1$ 准则。

高压配电网电压等级 110kV、35kV 共存，其中 35kV 应由电源点直接出线。

变电站设备可选用组合电器，高压配电装置布置方式以半户内、户外中型为主。主变变比选为 110（66）kV/10kV、220kV/35kV/10kV。

3）中压配电网

中压配电网为拉手环网，线路以架空为主。

配电变压器以柱上变为主，箱变、配电室为辅。

4）低压配电网

低压系统应全绝缘化，线路以架空为主，结构以辐射为主，条件许可时也可采用拉手环网结构。

3. C 类供电区域

1）电源

以 110kV 变电站为主供电源，地方电厂、分布式电源为辅助电源。地方电厂、分布式电源以合适的电压接入系统。

2）高压配电网

高压配电网结构以辐射为主，重要变电站满足 $N–1$ 准则。

高压配电网电压等级 110kV、35kV 共存，其中 35kV 应由电源点或 110kV 变电站直接出线。

高压配电装置布置方式以户外布置为主。主变变比选为 110kV/35kV/10kV、35kV/10kV。

3）中压配电网

中压配电网为单电源辐射结构，线路以架空为主。

配电变压器采用柱上变。

4）低压配电网

低压线路可选用裸导线，条件许可时应选用绝缘线，线路以架空为主，结构为辐射。

8.2.2　县（区）行政区典型供电模式体系框架

县（区）行政区典型供电模式体系框架详见图 8-1。

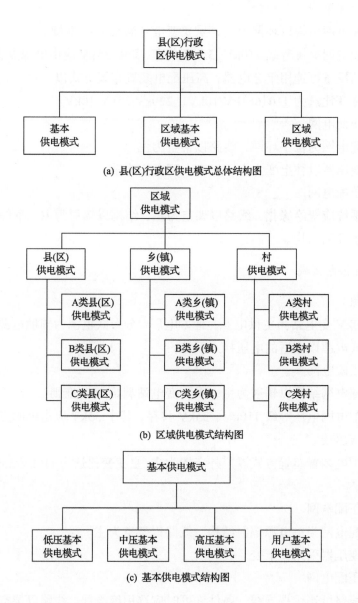

(a) 县(区)行政区供电模式总体结构图

(b) 区域供电模式结构图

(c) 基本供电模式结构图

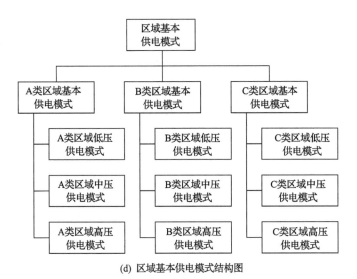

(d) 区域基本供电模式结构图

图 8-1　县(区)行政区典型供电模式体系框架

8.3　县(区)行政区典型供电模式实例

8.3.1　高压配电网典型供电模式

高压配电网供电模式是电压等级为 35~110kV 配电网的供电模式。

在各项主要技术条件中，选择配电网结构、变电站一次侧主接线、主变变比、高压配电线路作为确定高压供电模式的要点，再结合高压供电系统实践经验及城乡配电网高压系统实际建设情况，抽取出几种典型的供电模式。

1. 主要技术条件

1)电压等级

高压配电网电压等级包括 110kV、66kV 和 35kV，其中 66kV 在我国使用范围较小。

对于 A 类县(区)，负荷密度较高的区域，高压配电网电压等级以 110kV 为宜。对于 B、C 类县(区)，则是 110kV、35kV 共存；对于 B 类县(区)，通常有 220kV 变电站，为简化电压等级，35(66)kV 以直接由 220kV 变电站出线为宜；对于 C 类县(区)，通常 110kV 为最高电压等级，35kV 以由 110kV 变电站出线为宜。

2) 配电网结构

高压配电网结构主要可分为辐射结构和环网结构，辐射结构可分为单辐射及链状结构，环网又可分为自环网和双电源环网，每种结构形式又可根据电源情况、变电站一次侧主接线情况进一步细分。环网结构供电可靠性高，可以满足 $N-1$ 准则，是高压配电网结构的主要形式；辐射结构可靠性相对较低，不适于负荷水平、经济水平较高区域。

3) 主变变比

主变变比有 110kV/10(20)kV、110kV/35kV/10kV、35(66)kV/10(20)kV 三种，其中对于 A 类县(区)，原则上不存在 35kV 公用变电站，35kV 用户变直接从 220kV 变电站出线，110kV 变电站主变变比为 110kV/10(20)kV；对于 B 类县(区)，允许存在 35kV 公用变电站，但应由 220kV 变电站出线，主变变比为 110kV/10(20)kV、35(66)kV/10(20)kV 两种；对于 C 类县(区)，110kV 与 35kV 共存，且 35kV 可由 110kV 变电站出线，主变变比为 110kV/35kV/10kV、35(66)kV/10(20)kV。

4) 一次侧主接线

对 110kV 变电站，在各种主接线中，线路变压器组接线简单，可靠性较高，为满足 $N-1$ 准则需要二次侧出线与其他变电站有较强的联络，因而适用于变电站分布相对密集的区域，也就是适用于负荷密度较高的区域；桥接线结构也较简单，无需二次侧出线与其他变电站进行联络即可满足 $N-1$ 准则，但保护比线路变压器组接线复杂。因而在负荷密度较高时，一次侧主接线可选为线路变压器组，负荷密度相对较低时，可选桥接线。单母线接线也是一种结构简单的接线，可靠性也较高，可作为线路变压器组接线和桥接线的补充。

由于 35kV 变电站通常用于负荷密度较低的区域，变电站间距离较远，对可靠性要求相对较高的区域，一次侧主接线以桥接线为宜；而对可靠性要求相对较低的 C 类县(区)，为节省投资，以线路变压器组为宜。

根据上述原则，高压供电模式主要包括 2 个环节 5 个要素，2 个环节分别为高压线路和高压变电站。其中高压线路包括电压等级、线路选型、线路结构 3 个要素；高压变电站包括主变变比、一次侧主接线 2 个要素。高压配电网典型供电模式如表 8-1 所示。

表 8-1　高压配电网典型供电模式

供电模式	高压线路			高压变电站		适用范围
	电压等级	线路选型	线路结构	主变变比	一次侧主接线	
GYDL-01	110kV	架空/电缆	环网	110kV/10(20)kV	线路变压器组接线/桥接线/单母线接线	(1)负荷密度较高的县城、开发区/工业园区,经济水平、负荷水平极高的乡(镇),对高压供电可靠性要求较高的其他区域; (2)A类区域; (3)电缆仅用于通道紧张、环境有特殊要求或政府有特殊要求等情况
GYDL-02	110kV	架空	辐射	110kV/10(20)kV	线路变压器组接线/桥接线/单母线接线	(1)现状负荷水平较低但中远期负荷水平较高的县城、开发区、乡(镇); (2)向 GYDL-01 过渡的模式; (3)A类区域或经济发达区域中的B类区域
GYDL-03	110kV	架空	环网	110kV/35kV/10kV	桥接线/单母线接线	(1)负荷水平中等的县城; (2)负荷发展不均衡的县城; (3)B、C类区(区)中有 35kV 用户的县城、开发区及负荷水平较高且有 35kV 用户的B类乡(镇); (4)B、C类区域
GYDL-04	110kV	架空	辐射	110kV/35kV/10kV	桥接线/单母线接线	(1)负荷水平较低的开发区; (2)现状负荷水平较低、中长期负荷相对较高区域; (3)向 GYDL-03 过渡模式; (4)B、C类乡(镇)
GYDL-05	35(66)kV	架空/电缆	环网	35(66)kV/10kV	桥接线/单母线接线	(1)B、C类县城的城郊; (2)B、C类乡(镇)
GYDL-06	35(66)kV	架空	辐射	35(66)kV/10kV	桥接线/单母线接线	(1)B、C类县城的城郊; (2)向 GYDL-05 过渡模式; (3)高压配电网布点不足的 B、C 类县(区)中的乡(镇)
GYDL-07	35(66)kV	架空	辐射	35(66)kV/10kV	线路变压器组接线	(1)负荷水平较低的乡(镇)、开发区; (2)负荷不高的临时性用电电源; (3)负荷可发展性不高且水平不高的区域; (4)变电站为箱变时还适用于负荷水平不高的污染严重区域

2. GYDL-01 模式

1)模式特征

(1)配电网为环网结构,以双电源环网中的结构 C、结构 D 为主,以自环网中的结构 A 为辅。

(2)电压等级为 110kV、变电电压为 110kV/10kV 或 110kV/20kV,主变为

两圈变。

(3)变电站主接线以线路变压器组接线、桥接线和单母线接线为主。

2)模式特点

(1)整个模式供电可靠性较高,环网结构可靠性较高,网架结构满足 N–1 准则。一次侧主接线简单,可靠性高,且造价较低。

(2)线路为电缆时,主接线以线路变压器组接线或单母线接线为宜。

(3)变电层次较少,公用变电站没有 35(66)kV。

(4)供电可靠性较高,能够满足 N–1 准则。

3)适用范围

(1)负荷密度较高的县城、开发区/工业园区,经济水平、负荷水平极高的乡(镇),对高压供电可靠性要求较高的其他区域。

(2)A 类区域。

(3)电缆仅用于通道紧张、环境有特殊要求或政府有特殊要求等情况。

3. GYDL-02 模式

1)模式特征

(1)配电网为辐射结构。

(2)电压等级为 110kV、变电电压为 110kV/10kV 或 110kV/20kV,主变为两圈变。

(3)变电站主接线以线路变压器组接线、桥接线和单母线接线为主。

(4)高压线路以架空为主。

2)适用范围

(1)现状负荷水平较低但中远期负荷水平较高的县城、开发区、乡(镇)。

(2)向 GYDL-01 过渡的模式。

(3)A 类区域或经济发达区域中的 B 类区域。

4. GYDL-03 模式

1)模式特征

(1)配电网为环网结构。

(2)电压等级为 110kV、变电电压为 110kV/35kV/10kV,主变为三圈变。

(3)变电站主接线以桥接线、单母线接线为主。

(4)高压线路以架空为主。

2)适用范围

(1)负荷水平中等的县城。

(2)负荷发展不均衡的县城。

(3)B、C类县(区)中有35kV用户的县城、开发区及负荷水平较高且有35kV用户的 B 类乡(镇)。

(4)B、C 类区域。

5. GYDL-04 模式

1)模式特征

(1)配电网为辐射结构。

(2)电压等级为 110kV、变电电压为 110kV/35kV/10kV，主变为三圈变。

(3)变电站主接线以桥接线、单母线接线为主。

(4)高压线路以架空为主。

2)适用范围

(1)负荷水平较低的开发区。

(2)现状负荷水平较低、中长期负荷相对较高区域。

(3)向 GYDL-03 过渡模式。

(4)B、C 类乡(镇)。

6. GYDL-05 模式

1)模式特征

(1)配电网为环网结构。

(2)电压等级为 35(66)kV、变电电压为 35(66)kV/10kV，主变为两圈变。

(3)变电站主接线以桥接线、单母线接线为主。

2)适用范围

(1)B、C 类县城的城郊。

(2)B、C 类乡(镇)。

7. GYDL-06 模式

1)模式特征

(1)配电网为辐射结构。

(2)电压等级为 35(66)kV、变电电压为 35(66)kV/10kV，主变为两圈变。

(3)变电站主接线以桥接线、单母线接线为主。

(4)高压线路以架空为主。

2)适用范围

(1)B、C类县城的城郊。

(2)向 GYDL-05 过渡模式。

(3)高压配电网布点不足的 B、C 类县(区)中的乡(镇)。

8. GYDL-07 模式

1)模式特征

(1)配电网为辐射结构。

(2)电压等级为 35(66)kV、变电电压为 35(66)kV/10kV，主变为两圈变。

(3)变电站主接线以线路变压器组接线为主，采用箱变或小型化布置。

(4)高压线路以架空为主。

2)适用范围

(1)负荷水平较低的乡(镇)、开发区。

(2)负荷不高的临时性用电电源。

(3)负荷可发展性不高且水平不高的区域。

(4)变电站为箱变时还适用于负荷水平不高的污染严重区域。

8.3.2　中压配电网典型供电模式

中压配电网供电模式主要包括中压线路、配电设备、无功补偿和自动化等环节，而每个环节又包含多个要素。其中，中压线路主要包括线路选型、线路结构、供电半径 3 个要素；配电设备主要包括分段设备、分接设备、公用配电变压器(简称公用变)、用户配电变压器(简称用户变)等；无功补偿主要包括配电变压器无功补偿和中压线路无功补偿 2 个要素；自动化主要包括负荷监测和配电自动化 2 个要素。各个要素选择的差异性形成了供电模式的多样性。

1. 主要技术条件

1)中压线路

(1)线路选型。

中压线路的线路选型主要指是电缆线路还是架空线路，是架空绝缘线还是架空裸导线，以及导线截面大小。导线型号不同，造价有较大差异，电缆线路比架空线路造价要昂贵得多；同为架空线路或电缆线路，截面不同，造价也有所不同。导线截面不同,线路的安全电流有所不同,线路的最大载流量也有差别。线路选型还对供电可靠性有一定影响,电缆系统的可靠性略高于架空系统的可靠性,架空绝缘线的可靠性略高于架空裸导线的可靠性。线路选型需要综合考虑负荷水平、线路走廊、供电可靠性要求以及环境要求等因素。

(2)线路结构。

线路结构从其联络情况来说可以分为两大类,即辐射结构和环网结构。辐射结构又包括单电源辐射、单电源辐射自环式和多回路平行辐射等。环网结构包括双电源单环网、三电源环网、双环网以及 N 供一备等,上级电源可取自同一变电站不同母线段或者不同变电站。线路结构的差异性,导致线路理论最大允许负载率的不同,从而影响线路的供电能力,网络的经济性和供电可靠性也有所不同。具体选择何种线路结构,除考虑负荷水平、线路走廊、供电可靠性等因素,还需要结合上级高压变电站的分布情况以及站内中压侧母线的接线方式。

(3)供电半径。

中压线路的供电半径与负荷密度密切相关,一般负荷密度越高的地区供电半径越短,负荷密度较低的地区供电半径较长。

2)配电设备

(1)分段和分接设备。

对于架空系统,一般采用隔离开关、负荷开关以及断路器来实现分段和联络的功能;对于电缆系统,分段设备可采用环网柜或环网站,分接设备可采用环网站或电缆分接箱。环网柜一般适用于用户数量较多但容量不高的场合,配合电缆分接箱作为分接设备;环网站适用于用户数量不多但容量较大的场合,环网站可兼作分接设备。分段和分接设备选取的不同,造价也有所不同,对网络供电可靠性也有一定的影响。

(2)公用变和用户变。

公用变和用户变安装形式主要有配电室、箱变、柱上变等。箱变具有外形美观、便于移动、安装方便、施工周期短、运行费用低、占地面积小、无污染、免维护等优点,适用于住宅小区、繁华地段、施工电源等。柱上变主要应用于用户容量较小、周围环境没有特殊要求的区域。公用变和用户变安装形式的选取与用户分布情况和容量有关,还受到周边环境的影响。

3)无功补偿

(1)配电变压器无功补偿。

配电变压器低压侧安装无功补偿装置,若为固定补偿方式,则补偿容量取配电变压器容量的 10%～15%；若为自动补偿方式，则补偿容量取配电变压器容量的 15%～30%。

(2)中压线路无功补偿。

对供电距离较长的架空线路可以加装线路无功补偿，保证在低负荷时不向系统倒送无功，同时提升末端电压水平。

4)自动化

(1)负荷监测。

配电变压器加装负荷控制装置实现负荷监测功能，条件允许时根据电力用户的受电容量规模和用电性质等安装负荷管理终端装置。

(2)配电自动化。

实施配电自动化是为了提高配电网供电可靠性和配电网运行管理水平。根据配电网发展水平、可靠性要求以及运行管理需要，选择主站式、无主站馈线式或报警系统。

无功补偿和自动化这两个环节视供电企业和用户对电能质量以及自动化程度的具体要求而定。

在以上多个要素中，中压线路的线路选型、线路结构及分段和分接设备的差异导致了供电模式的显著差别，对配电网的可靠性、经济性有着重要的影响，可视为影响中压供电模式的主要要素，其他要素可作为供电模式的次要要素。中压配电网典型供电模式如表 8-2 所示。

表 8-2　中压配电网典型供电模式

供电模式		ZYDL-01	ZYDL-02	ZYDL-03	ZYDL-04	ZYDL-05	ZYDL-06
中压线路	线路选型	电缆	电缆	电缆	架空	架空	电缆/架空
	线路结构	辐射	环网	环网	辐射	环网	双回路平行辐射
配电设备	分段设备	环网柜	环网柜	环网站	断路器/负荷开关	断路器/负荷开关	开闭所
	分接设备	电缆分接箱	电缆分接箱	环网站	断路器/隔离开关/负荷开关	断路器/隔离开关/负荷开关	开闭所
	公用变	箱变	箱变	箱变	柱上变/简易配电室	柱上变/简易配电室	—
	用户变	箱变/配电室	箱变/配电室	箱变/配电室	箱变/配电室/柱上变	箱变/配电室/柱上变	—

续表

供电模式		ZYDL-01	ZYDL-02	ZYDL-03	ZYDL-04	ZYDL-05	ZYDL-06
无功补偿	配电变压器	自动/固定	自动/固定	自动/固定	固定/自动	固定/自动	—
	中压线路	—	—	—	—	—	—
自动化	负荷监测	配电变压器加装负控装置	配电变压器加装负控装置	配电变压器加装负控装置	配电变压器加装负控装置	配电变压器加装负控装置	配电变压器加装负控装置
	配电自动化	主站式/无主站馈线式	主站式	主站式	主站式/无主站馈线式	主站式/无主站馈线式	主站式/无主站馈线式
适用范围		政府、环境要求，用户专线	政府、环境要求，供电可靠性要求较高	政府、环境要求，供电可靠性要求较高	负荷不高，电源布点少	供电可靠性要求较高	负荷比较集中，负荷密度较高，变电站出线间隔不足

2. ZYDL-01 模式

1）模式特征

（1）中压线路：ZYDL-01 为电缆系统，线路结构为辐射型。

（2）分段和分接设备：采用环网柜分段，电缆采用带负荷开关的电缆分接箱分接。

（3）公用变和用户变：公用变采用箱变，用户变采用箱变或配电室。配电变压器容量按负荷的大小选择，并预留一定的裕度；新增配电变压器选择 S11 及以上系列节能变压器，按场合选择干式、油浸式、防爆式等类型变压器。

（4）无功补偿：采用在配电变压器低压随器自动集中补偿方式，补偿容量取配电变压器容量的 15%～30%。对电能质量有要求或对电能质量有较大影响的台区，需装设广义无功补偿装置。

（5）自动化：配电变压器加装负控装置，配电自动化采用主站式/无主站馈线式。

2）适用范围

这种供电模式结构简单清晰、运行方便、建设投资省，新增负荷时连接也比较方便，适用于负荷密度不太高、对供电可靠率要求不高于 99.8%、政府以及周边环境有明确要求的地区；对于距离较短的用户专线也可采用此种供电模式。当用户对可靠性要求较高时，可以同回路敷设多条线路，形成多回路平行辐射结构，保证重要用户由两路以上电源供电，双回路平行辐射结构的可靠率可达 99.99%以上。

ZYDL-01 模式系统结构示意图如图 8-2 所示。

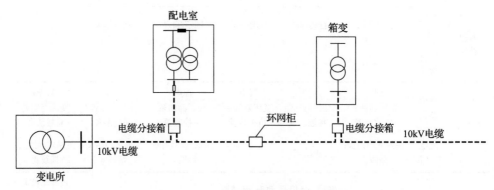

图 8-2　ZYDL-01 模式系统结构示意图

3. ZYDL-02 模式

1)模式特征

(1)中压线路:ZYDL-02 为电缆系统,线路结构为环网,由两路或两路以上电源向其供电,电源来自同一变电站不同段母线或者不同变电站。可根据变电站的分布、间隔利用情况以及用户对可靠性的要求等选择双电源单环网、三电源环网、双环网以及 N 供一备方式。

(2)分段和分接设备:采用环网柜分段,电缆采用带负荷开关的电缆分接箱分接。

(3)公用变和用户变:公用变采用箱变,用户变采用箱变或配电室。配电变压器容量按负荷的大小选择,并预留一定的裕度;新增配电变压器选择 S11及以上系列节能变压器,按场合选择干式、油浸式、防爆式等类型变压器。

(4)无功补偿:采用在配电变压器低压随器自动集中补偿的方式,补偿容量取配电变压器容量的 15%～30%。

(5)自动化:配电变压器加装负控装置,配电自动化采用主站式。

2)适用范围

这种供电模式由上级两路或两路以上电源供电,运行较为灵活,供电可靠率可达 99.98%。采用环网柜和电缆分接箱作为分段和分接设备,线路故障或电源故障时,在线路负荷允许的条件下,通过倒闸操作可使非故障段恢复供电,保证重要用户不间断供电。这种供电模式适用于负荷水平和经济发展水平较高、用户数量多且容量相对不太高、对供电可靠性和环境要求较高的区域,如比较发达的县城中心区、以休闲旅游产业为主的区域以及高新技术开发区等。

ZYDL-02 模式系统结构示意图如图 8-3 所示。

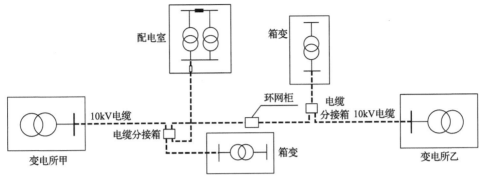

图 8-3　ZYDL-02 模式系统结构示意图

4. ZYDL-03 模式

1) 模式特征

(1) 中压线路：ZYDL-03 为电缆系统，线路结构为环网，由两路或两路以上电源向其供电，电源来自同一变电站不同段母线或者不同变电站。可根据变电站的分布、间隔利用情况以及用户对可靠性的要求等选择双电源单环网、三电源环网、双环网以及 N 供一备方式。

(2) 分段和分接设备：采用环网站用于线路分段、分接和不同线路的联络。

(3) 公用变和用户变：公用变采用箱变，用户变采用箱变或配电室。配电变压器容量按负荷的大小选择，并预留一定的裕度；新增配电变压器选择 S11 及以上系列节能变压器，按场合选择干式、油浸式、防爆式等类型变压器。

(4) 无功补偿：采用在配电变压器低压随器自动集中补偿方式，补偿容量取配电变压器容量的 15%～30%。

(5) 自动化：配电变压器加装负控装置，配电自动化采用主站式。

2) 适用范围

这种供电模式由上级两路或两路以上电源供电，运行较为灵活，供电可靠率可达 99.98%。采用环网站作为分段和分接设备，线路故障或电源故障时，在线路负荷允许的条件下，通过倒闸操作可使非故障段恢复供电，保证重要用户不间断供电。这种供电模式适用于负荷水平和经济发展水平较高、用户较少且容量较高、对供电可靠性要求很高、政府对环境有严格要求的区域，如县城行政中心、繁华商业区以及一、二类用户比较集中的区域等。

ZYDL-03 模式系统结构示意图如图 8-4 所示。

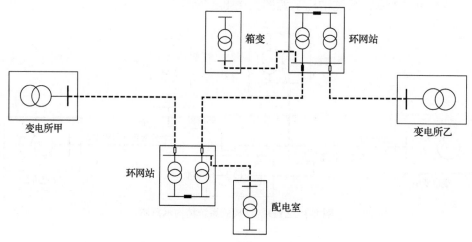

图 8-4　ZYDL-03 模式系统结构示意图

5. ZYDL-04 模式

1) 模式特征

(1) 中压线路: ZYDL-04 为架空系统,线路结构为辐射型。

(2) 分段和分接设备: 每条线路加装分段开关将线路分为 2~3 段。

(3) 公用变和用户变: 配电变压器安装形式以台架为主,特殊情况下(如安全、防盗、环境需要)可选用箱变和配电室。配电变压器容量按负荷的大小选择,并预留一定的裕度。新增配电变压器选择 S11 及以上系列节能变压器,按场合选择干式、油浸式、防爆式等类型变压器。

(4) 无功补偿: 对供电距离短、低压用户动力设备较少的供电区,采用在配电变压器处集中补偿方式,补偿容量取为配电变压器容量的 15%~30%;对供电距离较长的线路可以加装线路无功补偿,以提升末端电压水平;低压动力用户较多的台区,采用集中补偿+电机随机补偿方式。

(5) 自动化: 配电变压器加装负控装置,配电自动化采用主站式或无主站馈线式。

2) 适用范围

这种供电模式比较经济,配电线路和高压开关数量少、投资小,新增负荷也比较方便,供电可靠率接近 99.8%。个别用户需要双电源供电时,可同杆并架多回线路,保证用户在一路电源失电的情况下由另外一路电源供电。这种供电模式适用于负荷水平较低、经济发展一般、对可靠性要求不高的区域，如县城郊区、一般居住区以及城乡接合部等。待负荷发展以后，可考虑与其他线路联络，提高供电可靠性。

ZYDL-04 模式系统结构示意图如图 8-5 所示。

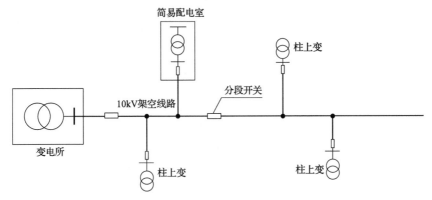

图 8-5　ZYDL-04 模式系统结构示意图

6. ZYDL-05 模式

1)模式特征

(1)中压线路：ZYDL-05 为架空系统，线路结构为环网，由两路或两路以上电源向其供电，电源来自同一变电站不同段母线或者不同变电站。可根据变电站的分布、间隔利用情况以及用户对可靠性的要求等选择双电源单环网、三电源环网以及多分段多联络等接线方式。

(2)分段和分接设备：每条线路加装分段开关将线路分为 2~3 段。

(3)公用变和用户变：配电变压器安装形式以柱上变为主，特殊情况下(如安全、防盗、环境需要)可选用箱变和配电室。配电变压器容量按负荷的大小选择，并预留一定的裕度。新增配电变压器选择 S11 及以上系列节能变压器，按场合选择干式、油浸式、防爆式等类型变压器。

(4)无功补偿：对供电距离短、低压用户动力设备较少的供电区，采用在配电变压器处集中补偿方式，补偿容量取为配电变压器容量的 15%~30%；对供电距离较长的线路可以加装线路无功补偿，以提升末端电压水平；低压动力用户较多的台区，采用集中补偿+电机随机补偿方式。

(5)自动化：配电变压器加装负控装置，配电自动化采用主站式或者无主站馈线式。

2)适用范围

这种供电模式由上级两路或两路以上电源供电,运行较为灵活,供电可靠率可达 99.98%。线路故障或电源故障时,在线路负荷允许的条件下,通过倒闸操作可使非故障段恢复供电,保证重要用户不间断供电。这种供电模式适用于负荷水平和经济发展水平较高、对供电可靠性要求较高、政府对周边环境没有特殊要求的区域,如一般县城中心区、发达乡(镇)政府所在地以及对环境要求不高的工业园区等。

ZYDL-05 模式系统结构示意图如图 8-6 所示。

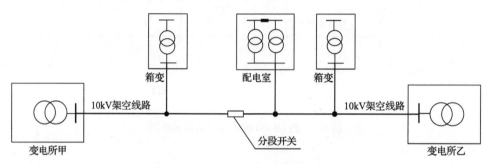

图 8-6　ZYDL-05 模式系统结构示意图

7. ZYDL-06 模式

1)模式特征

(1)ZYDL-06 为开闭所模式,开闭所由两路或三路电源供电,采用一供一备、两供一备或 N 供一备方式,这几路电源来自同一变电站不同母线段或不同变电站。

(2)分段和分接设备:开闭所兼作线路分段和分接设备。

(3)自动化:配电变压器加装负控装置,配电自动化采用主站式或无主站馈线式。

2)适用范围

这种供电模式适用于中压大用户在末端集中、负荷密集、负荷水平较高、变电站出线间隔紧张、线路走廊受限的区域。

ZYDL-06 模式系统结构示意图如图 8-7 所示。

8. ZYDL-07 模式和 ZYDL-08 模式

ZYDL-07 和 ZYDL-08 为分布式电源模式,通常采用光伏电池(组)或风力发电机作为电源,线路结构分别为辐射和环网,具体配置可参考其他模式。

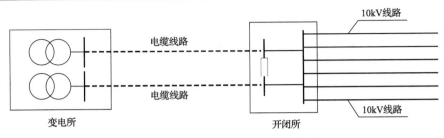

图 8-7　ZYDL-06 模式系统结构示意图

1）模式特征

光伏电源系统包括直流系统和交流系统两大类。直流系统由光伏电池组件及支架、控制器和蓄电池组三部分组成。交流系统由上述三部分再加上逆变器共四部分组成。系统中，光伏电池组件的功能是将太阳辐射能转换为电能；蓄电池组的功能是将光伏电池组件输出的直流电加以储存；防反充二极管的功能是阻止蓄电池组通过光伏电池组件放电；控制器的功能是对蓄电池组的过充电和过放电进行保护；逆变器的功能是将蓄电池组输出的直流电变换为交流电。

2）适用范围

光伏电池组规模较大时，可以对一栋居民楼、居民小区或者一个自然村供电。风力发电原理与光伏发电相同，只是以风力发电机取代了光伏电池。

分布式电源适用于电力难以延伸的山村和游牧用户，也可用作工厂企业、办公楼、医院、体育场所、居民家庭等用户的供电电源。

8.3.3　低压配电网典型供电模式

1. 主要技术条件

低压供电模式是电压等级为 400V 及以下配电网（包括配电变压器）的供电模式，主要内容包括 7 个环节 14 个要素，7 个环节分别为供电制式、电源、配电变压器、低压线路、无功补偿、计量、供用电安全等。

在上述 7 个环节中，最能够体现供电模式本质特点的就是供电制式、低压线路和配电变压器，下面从负荷结构、造价成本、供电可靠性三个方面来进行分析。

1）负荷结构

负荷结构是低压配电网面向用户的构成情况，具体来说包括用户是否集中、是否有三相用户、是以三相用户为主还是以单相用户为主等情况，不同的情况选择的供电制式是不同的。也就是说，供电制式不同的配电网面向的负荷结构是不一样的。因此，应把供电制式这个环节作为低压供电模式的一个基本环节。

2) 造价成本

在低压配电网建设中，主要设备就是低压线路和配电变压器，因而低压线路和配电变压器的设备选择也就从很大程度上决定了低压配电网的造价成本。具体来说，低压线路是选用架空绝缘线还是裸导线，是选用电缆还是电缆架空混合，也就是低压线路环节中线路选型这个要素是决定低压线路造价的决定性因素；对于配电变压器而言，造价主要取决于是选用柱上变、箱变还是配电室方式，也就是配电变压器环节中的配电变压器安装方式。

3) 供电可靠性

影响供电可靠性的因素有很多，如线路结构、装备选择、负荷密度等，但当负荷条件一定的情况下线路结构是影响供电可靠性的主要因素。具体来说，线路是采用环网结构还是辐射结构在很大程度上影响可靠性指标。当然，线路选型等也会影响可靠性指标，例如，电缆系统比架空绝缘线可靠性高，绝缘线比裸导线可靠性高。总体来说，低压线路这个环节是影响供电可靠性的关键环节。

以供电制式、低压线路和配电变压器为控制性环节，通过这三个基本环节中各要素的适当组合，提出适用于不同用电水平、不同负荷构成的几种低压基本供电模式，并根据低压基本供电模式的特点选择其他非控制性环节的各要素。低压配电网典型供电模式如表 8-3 所示。

表 8-3　低压配电网典型供电模式

供电模式		DYDL-01	DYDL-02	DYDL-03	DYDL-04	DYDL-05	DYDL-06	DYDL-07
供电制式	低压	三相四线	三相四线	三相四线	三相四线	三相四线	单三相混合	单相两线/三线
电源	进线	公用辐射线路/环网线路/双回进线	公用辐射线路/环网线路/双回进线	公用辐射/环网线路	公用辐射线路/环网线路	公用辐射线路	公用辐射线路	公用辐射线路
配电变压器	安装方式	配电室/箱变	配电室/箱变	配电室/箱变/柱上变	柱上变/箱变	柱上变	柱上变/箱变	柱上变/箱变
低压线路	线路选型	电缆	电缆	电缆和架空混合	绝缘线	裸导线/绝缘线	绝缘线	绝缘线
	线路结构	环网	辐射	辐射	辐射	辐射	辐射	辐射
无功补偿	配电变压器低压侧	自动补偿	自动补偿	自动/固定补偿	固定/自动补偿	固定补偿	固定或无补偿	无补偿
	用户侧	电机就地补偿	电机就地补偿	电机就地补偿	电机就地补偿	电机就地补偿	电机就地补偿	电机就地补偿

供电模式		DYDL-01	DYDL-02	DYDL-03	DYDL-04	DYDL-05	DYDL-06	DYDL-07
计量	配电变压器计量	负控装置	负控装置	负控装置/综合测控仪	综合测控仪/计量箱	计量箱	综合测控仪/计量箱	计量箱
	电表箱	多户集中布置	多户集中布置	多户集中布置/单户布置	多户集中布置/单户布置	多户集中布置/单户布置	—	—
	接户线	绝缘线	绝缘线	绝缘线	绝缘线	绝缘线	绝缘线	绝缘线
供用电安全	漏电保护	三级保护	三级保护	三级保护	三级保护	三级保护	三级保护	二级保护
	电力设施防护	全绝缘	全绝缘	全绝缘	全绝缘	全绝缘	全绝缘	全绝缘
适用范围		对可靠性和环境要求高，负荷较密集区域	对可靠性和环境要求较高，负荷较密集区域	对局部环境要求较高区域	一般性区域	一般性区域	负荷分散程度不一、单相用户为主区域	无三相用户区域

2. DYDL-01 模式

1) 模式特征

DYDL-01 是全绝缘化的供电模式，可靠性高，设备配置较高，主要特征为：采用三相四线供电制式；配电变压器安装方式为配电室或箱变；低压导线采用电缆；低压线路为环网结构。

2) 要素选择

配电变压器的 10kV 进线可视条件和对可靠性要求选择从公用辐射线路或环网线路引入或采用双回进线，推荐采用从公用环网线路引入或采用双回进线；采用在配电变压器低压侧自动无功补偿方式，补偿容量取为配电变压器容量的 15%～30%，用户侧实现电机就地补偿，电机随机补偿容量取为电机额定功率的 25%～30%；配电变压器计量采用负控装置；一户一表，电表箱采用非金属表箱多户集中布置；抄表方式可采用远方集中抄表方式；接户线(分接箱至户表)采用二芯电缆(向一户单相用户供电)或四芯电缆(向多户或三相用户供电)；采用剩余电流保护器，可采用三级保护，总保护装于配电变压器低压侧。

DYDL-01 模式系统结构可参照图 8-8。

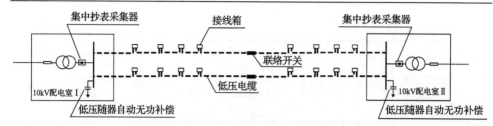

图 8-8　DYDL-01 模式系统结构示意图

3)适用范围

DYDL-01 是低压基本供电模式中建设标准最高的模式，可靠性高，与环境协调，设备配置也较高，具体来说，该模式适用于下面的情况(其中标有"*"的是必须满足的条件)：

(1)低压供电区域(*)。

(2)用户高度密集或重要用户较多，对供电可靠性要求高(*)。

(3)周围建筑标准较高，对环境有特殊要求(*)。

(4)供电区域需两台及以上配电变压器供电(*)。

(5)负荷分布较为集中(*)。

(6)一般适用于较高档居住区、发达休闲旅游区等对环境和可靠性要求都较高的区域。

3. DYDL-02 模式

1)模式特征

DYDL-02 是全绝缘化的供电模式，可靠性较高，设备配置较高，主要特征为：采用三相四线供电制式；配电变压器安装方式为配电室或箱变；低压导线采用电缆；低压线路为辐射结构。

2)要素选择

配电变压器的 10kV 进线可视条件和对可靠性要求选择从公用辐射线路或环网线路引入或采用双回进线；采用在配电变压器低压侧自动无功补偿方式，补偿容量取为配电变压器容量的 15%～30%，用户侧实现电机就地补偿，电机随机补偿容量取为电机额定功率的 25%～30%；配电变压器计量采用负控装置；一户一表，电表箱采用非金属表箱多户集中布置；抄表方式可采用远方集中抄表方式；接户线(分接箱至户表)采用二芯电缆(向一户单相用户供电)或四芯电缆(向多户或三相用户供电)；采用剩余电流保护器，可采用三级保护，总保护装于配电变压器低压侧。

DYDL-02 模式系统结构可参照图 8-9。

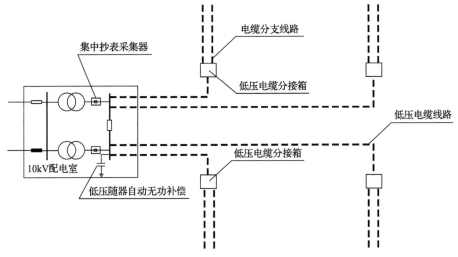

图 8-9　DYDL-02 模式系统结构示意图

3)适用范围

DYDL-02 是低压基本供电模式中建设标准较高的模式，与环境协调，设备配置也较高，具体来说，该模式适用于下面的情况(其中标有"*"的是必须满足的条件)：

(1)低压供电区域(*)。

(2)周围建筑标准较高，对环境有特殊要求(*)。

(3)负荷分布较为集中(*)。

(4)一般适用于建设标准较高的多层或联排居住区、工商混住区、特色休闲旅游区等对环境要求较高的区域。

4. DYDL-03 模式

1)模式特征

DYDL-03 是全绝缘化的供电模式，主要特征为：采用三相四线供电制式；配电变压器可视情况选择配电室或箱变或柱上变；低压导线采用电缆和架空混合方式，在对环境有要求的区段采用电缆，没有特殊要求的区段则采用一般架空绝缘线或集束绝缘线；低压线路为辐射结构。

2)要素选择

配电变压器的 10kV 进线可视条件和对可靠性要求选择从公用辐射线路或环网线路引入，推荐采用从公用环网线路引入；采用在配电变压器低压侧自动无功补偿或固定无功补偿方式，补偿容量取为配电变压器容量的15%～25%，用户侧实现电机就地补偿，电机随机补偿容量取为电机额定功率的25%～30%；配电变压器计量采用负控装置或综合测控仪；一户一表，电表箱采用非金属表箱多户集中布置或单户布置；抄表方式可采用集中手持抄表方式或远方集中抄表方式；向一户单相用户供电时接户线采用二芯绝缘线，向多户或三相用户供电时接户线采用三相四线绝缘线或四芯集束导线；采用剩余电流保护器，可采用三级保护，总保护装于配电变压器低压侧。

DYDL-03 模式系统结构可参照图 8-10。

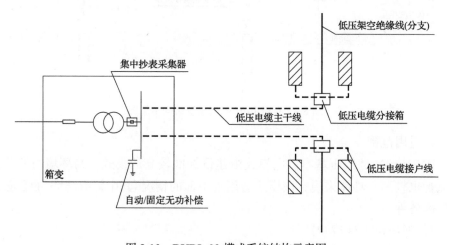

图 8-10　DYDL-03 模式系统结构示意图

3）适用范围

DYDL-03 是低压基本供电模式中建设标准适中的模式，力求与环境协调，具体来说，该模式适用于下面的情况（其中标有"*"的是必须满足的条件）：

(1) 低压供电区域(*)。

(2) 部分区域对环境有特殊要求(*)。

(3) 负荷分布较为集中(*)。

(4) 对局部环境要求较高的居住区、工商混住区等一般性区域。

5. DYDL-04 模式

1）模式特征

DYDL-04 是全绝缘化的供电模式，主要特征为：采用三相四线供电制式；配电变压器可视情况选择柱上变或箱变；低压导线采用一般架空绝缘线或集束绝缘线，或者两者混合；低压线路为辐射结构。

2）要素选择

配电变压器的 10kV 进线可视条件和对可靠性要求选择从公用辐射线路或环网线路引入；采用在配电变压器低压侧固定无功补偿或自动无功补偿方式，补偿容量取为配电变压器容量的 10%～15%，用户侧实现电机就地补偿，电机随机补偿容量取为电机额定功率的 25%～30%；配电变压器计量采用综合测控仪或计量箱；一户一表，电表箱采用非金属表箱多户集中布置或单户布置；抄表方式可采用集中手持抄表方式或远方集中抄表方式；向一户单相用户供电时接户线采用二芯绝缘线，向多户或三相用户供电时接户线采用三相四线绝缘线或四芯集束导线；采用剩余电流保护器，可采用三级保护，总保护装于配电变压器低压侧。

DYDL-04 模式系统结构可参照图 8-11。

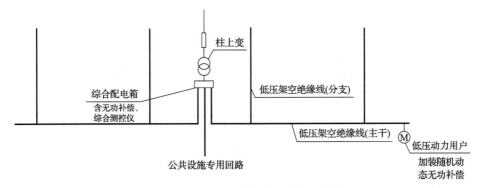

图 8-11　DYDL-04 模式系统结构示意图

3）适用范围

DYDL-04 是低压基本供电模式中应用最广泛的模式，具体来说，该模式适用于下面的情况（其中标有"*"的是必须满足的条件）：

（1）低压供电区域（*）。

（2）区域对环境没有特殊要求（*）。

（3）负荷分布较为集中（*）。

（4）对环境没有特殊要求的居住区、工商混住区等一般性区域。

6. DYDL-05 模式

1）模式特征

DYDL-05 模式主要特征为：采用三相四线供电制式；配电变压器采用柱上变；低压主干线采用裸导线，分支线推荐采用绝缘线；低压线路为辐射结构。

2)要素选择

配电变压器的 10kV 进线从公用辐射线路引入；采用在配电变压器低压侧固定无功补偿方式，补偿容量取为配电变压器容量的 10%～15%，用户侧实现电机就地补偿，电机随机补偿容量取为电机额定功率的 25%～30%；配电变压器计量采用计量箱；一户一表，电表箱采用非金属表箱多户集中布置或单户布置；抄表方式可采用集中手持抄表方式；向一户单相用户供电时接户线采用二芯绝缘线，向多户或三相用户供电时接户线采用三相四线绝缘线或四芯集束导线；采用剩余电流保护器，可采用三级保护，总保护装于配电变压器低压侧。

DYDL-05 模式系统结构可参照图 8-12。

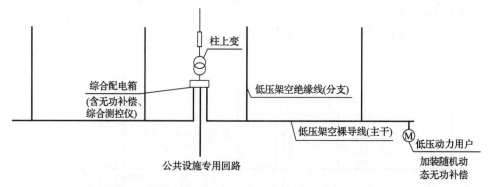

图 8-12　DYDL-05 模式系统结构示意图

3)适用范围

DYDL-05 是低压基本供电模式中建设标准较低的模式，具体来说，该模式适用于下面的情况（其中标有"*"的是必须满足的条件）：

(1)低压供电区域(*)。

(2)区域对环境没有特殊要求(*)。

(3)负荷分布较为集中(*)。

(4)树线矛盾和房线矛盾不突出，道路较宽阔(*)。

(5)对环境没有特殊要求，并且树线矛盾和房线矛盾不突出的居住区、工商混住区等一般性区域。

7. DYDL-06 模式

1)模式特征

DYDL-06 是全绝缘化的供电模式，主要特征为：采用单三相混合供电制式；配电变压器采用柱上变或箱变；低压导线采用一般架空绝缘线或集束绝缘线，对环境有要求地区采用电缆；低压线路为辐射结构。

2）要素选择

配电变压器的 10kV 进线从公用辐射线路引入；配电变压器低压侧采用固定无功补偿或不装设无功补偿装置，用户侧实现电机就地补偿，电机随机补偿容量取为电机额定功率的 25%～30%；配电变压器计量采用综合测控仪或计量箱；一户一表，电表箱采用非金属表箱多户集中布置或单户布置；抄表方式可采用集中手持抄表方式；接户线三相四线制式选用三相四线绝缘线或四芯集束导线，单相两线制式采用二芯绝缘线；采用剩余电流保护器，可采用三级保护，总保护装于配电变压器低压侧。

DYDL-06 模式系统结构可参照图 8-13。

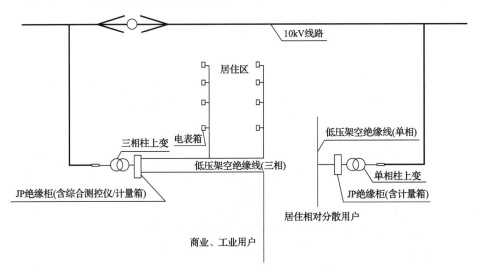

图 8-13　DYDL-06 模式系统结构示意图

3）适用范围

具体来说，该模式适用于下面的情况（其中标有"*"的是必须满足的条件）：

（1）低压供电区域（*）。

（2）部分负荷较为集中且负荷较大，部分负荷分布较为分散且负荷较小；或者是以单相负荷为主，三相负荷较小（*）。

（3）居住分散程度不一或者负荷以单相为主的工商混住区域。

8. DYDL-07 模式

1）模式特征

DYDL-07 是全绝缘化的供电模式，主要特征为：采用单相两线/三线供电制式；配电变压器采用单相箱变或柱上变；低压导线采用一般架空绝缘线或集束绝缘线，对环境有特殊要求的区域采用电缆；低压线路为辐射结构。

2) 要素选择

配电变压器的 10kV 进线从公用辐射线路引入；配电变压器低压侧可不装设无功补偿装置，用户侧实现电机就地补偿，电机随机补偿容量取为电机额定功率的 25%～30%；配电变压器计量采用计量箱；一户一表，电表箱采用非金属表箱多户集中布置或单户布置；抄表方式可采用集中手持抄表方式；接户线采用二芯绝缘线；采用剩余电流保护器，可采用二级保护，总保护装于配电变压器低压侧。

DYDL-07 模式系统结构可参照图 8-14。

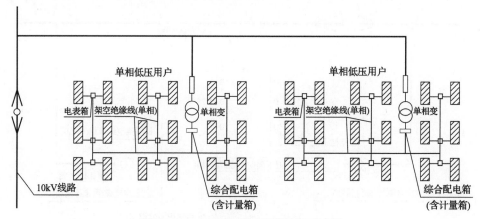

图 8-14　DYDL-07 模式系统结构示意图

3) 适用范围

具体来说，该模式适用于下面的情况（其中标有"*"的是必须满足的条件）：

(1) 需要 220V 低压供电区域(*)。

(2) 范围内没有三相用户(*)。

(3) 负荷分布较为分散。

(4) 区域地理特征特殊，如狭长区域。

(5) 一般适用于户数较少且较为分散的农村。

8.4　规　划　案　例

1. 规划区概况

规划区可容纳人口约 65 万人，城镇化水平为 100%；用地规模约 80km²，各片区基本情况如表 8-4 所示。

表 8-4　各片区基本情况

片区	总用地面积/km²	建设用地/km²	居住人口/万人	主要功能
I 区	12.83	8.26	12.4	居住为主、适当安排部分工业用地
II 区	15.64	12.24	21.9	商业、居住区，完善公共设施配套
III区	13.05	10.93	8.6	核心行政区的政治、经济、科技、文化等大中型公共设施集中区
IV区	16.47	12.94	8.6	生产、生活相对平衡，安排适量的工业用地
V 区	21.59	16.28	13.6	满足地方工业经济发展需求，适当发展工业用地

规划区片区分布如图 8-15 所示。

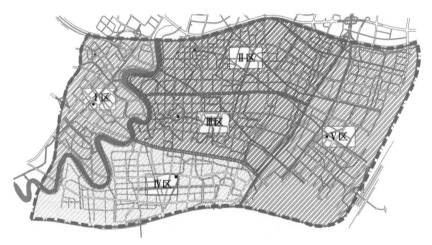

图 8-15　规划区示意图

规划区预测负荷如表 8-5 所示。

表 8-5　规划区预测负荷

片区	规划面积/km²	负荷密度/(MW/km²)
I 区	12.83	9.51
II 区	15.64	15.08
III区	13.05	12.35
IV区	16.47	3.12
V 区	21.59	6.78

2. 规划方案

1) 高压配电网规划

根据负荷密度，该区域为 A 类供电区，高压配电网电压等级应选择为110kV。选择 GYDL-01 高压供电模式，如表 8-6 所示。

表 8-6　GYDL-01 高压供电模式

供电模式编号	电压等级	导线型式	配电网结构	主变变比	一次侧主接线
GYDL-01	110kV	架空/电缆	环网	110kV/10(20)kV	线路变压器组接线/桥接线/单母线接线

考虑到对应的经济供电半径及经济负荷，以及区域与外部区域的互联互供、变电站共用，各片区宜选择的变电站数量如表 8-7 所示。

表 8-7　各片区变电站数量分布

片区	规划面积/km²	远景负荷密度/(MW/km²)	变电站数量/座
I 区	12.83	9.51	1～2
II 区	15.64	15.08	2～3
III 区	13.05	12.35	2～3
IV 区	16.47	3.12	1～2
东区（V 区）	21.59	6.78	2～4
合计	79.58	—	8～14

不考虑外部区域时，变电站数量以 8 座为宜。但该区域与外部联系紧密，需要预留与外界的共用电源点或与应用外部区域电源点的连接点，实际上规划110kV 变电站规模为 14 座，主变 33 台，合计总容量为 1320MV·A。110kV 变电站分布及供电分区见图 8-16。高压供电区优化结果如表 8-8 所示。

2) 供电区划分

该区域用作县城城区新区的商业区和居住区，属于 A 类中压供电区。由于通道受限，并且区域负荷密度较大，10kV 供电分区采用多个回路向同一供电区供电策略，因而一个供电区有多个供电回路，但供电模式保持一致，多个回路共同承担该供电区的供电。优化中，需要在供电能力中设置相应的限制，以减少供电分区数量。10kV 供电分区见图 8-17。

3) 供电可靠率分解

规划区均为城区，供电可靠性要求相对较高。取规划可靠率目标为 99.99%，各供电分区可靠率要求基本相当，均取为 99.99%。

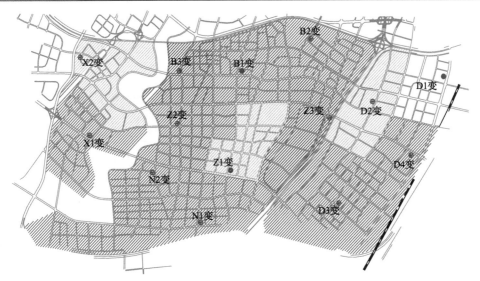

图 8-16 110kV 变电站分布及供电分区一览图

表 8-8 高压供电区优化结果

片区	变电站	容量/(MV·A)	负荷/MW	容载比
I区	X1 变	120	54.24	2.21
	X2 变	120	58.25	2.06
II区	B1 变	120	66.5	1.80
	B2 变	80	44.4	1.80
	B3 变	80	44.3	1.81
III区	Z1 变	120	66.4	1.81
	Z2 变	120	65	1.85
	Z3 变	80	43.2	1.85
IV区	N1 变	40	14.45	2.77
	N2 变	80	45.95	1.74
东区（V区）	D1 变	120	59.6	2.01
	D2 变	120	60.3	1.99
	D3 变	80	30.5	2.62
	D4 变	40	16.68	2.40

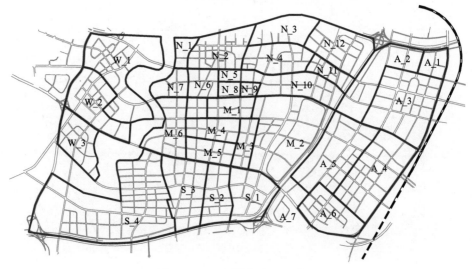

图 8-17　10kV 供电分区一览图

4) 供电模式匹配及中压配电网规划

下面以 Ⅱ 区中压配电网规划为例。Ⅱ 区最大负荷为 235.12MW，分为 12 个 10kV 供电分区，总负荷为 250.13MW，同时率为 0.94，各分区均为 A 类中压供电区。各供电分区供电模式、结构方式及线路情况见表 8-9，规划图见图 8-18。

表 8-9　Ⅱ 区目标网络情况一览表

供电分区	负荷密度/(MW/km²)	负荷/MW	线路条数	供电模式	接线方式	N–1 准则	供电可靠率
N_1	17.38	8.69	4	ZYDL-03	手拉手(2)	满足	>99.99%
N_2	15.87	32.86	12	ZYDL-03	手拉手(6)	满足	>99.99%
N_3	10.98	28.22	8	ZYDL-03	手拉手(4)	满足	>99.99%
N_4	16.90	31.77	8	ZYDL-03	手拉手(4)	满足	>99.99%
N_5	70.69	19.51	8	ZYDL-03	环网(1)	满足	>99.99%
N_6	16.54	14.39	8	ZYDL-03	手拉手(4)	满足	>99.99%
N_7	16.98	14.09	4	ZYDL-03	手拉手(2)	满足	>99.99%
N_8	19.14	6.70	2	ZYDL-03	一供一备(1)	满足	>99.99%
N_9	53.08	13.80	3	ZYDL-03	两供一备(1)	满足	>99.99%
N_10	14.19	31.35	12	ZYDL-03	手拉手(4)、两供一备	满足	>99.99%
N_11	23.94	16.43	4	ZYDL-03	手拉手(2)	满足	>99.99%
N_12	13.69	32.32	12	ZYDL-03	手拉手(6)	满足	>99.99%

注：接线方式中的 x(y)：x 表示结构方式，y 表示该种接线的数量。

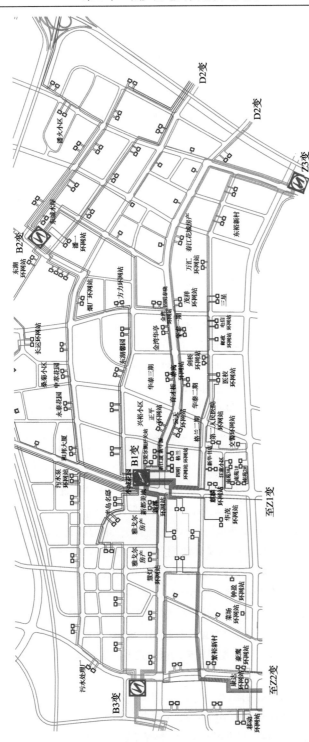

图 8-18　Ⅱ区10kV配电网规划图

参 考 文 献

曹华珍, 王承民, 吴亚雄, 等. 2022. 配电网可靠性规划[M]. 北京: 机械工业出版社.

陈大宇, 肖峻, 王成山. 2003. 基于模糊层次分析法的城市电网规划决策综合评判[J]. 电力系统及其自动化学报, 15(4): 83-88.

陈堂, 赵祖康, 陈星莺, 等. 2003. 配电系统及其自动化技术[M]. 北京: 中国电力出版社.

陈章潮, 顾洁, 孙纯军. 1999. 改进的混合模拟退火——遗传算法应用于电网规划[J]. 电力系统自动化, 23(10): 28-31, 40.

程浩忠, 艾芊, 张志刚, 等. 2006. 电能质量[M]. 北京: 清华大学出版社.

程浩忠, 高赐威, 马则良, 等. 2003. 多目标电网规划的分层最优化方法[J]. 中国电机工程学报, 23(10): 11-16.

程林, 焦岗, 田浩. 2010. 可靠性与经济性相协调的配电网规划方法[J]. 电网技术, 34(11): 106-110.

丁毓山, 杨勇. 2001. 农村电网规划与改造[M]. 北京: 中国电力出版社.

方向晖. 2004. 中低压配电网规划与设计基础[M]. 北京: 中国水利水电出版社.

冯英浚, 张杰. 2004. 大系统多目标规划的理论及应用[M]. 北京: 科学出版社.

国家电网公司. 2005. 电网建设新技术[M]. 北京: 中国电力出版社.

国家电网有限公司. 2020. 配电网规划设计技术导则: Q/GDW 10738—2020[S]. 北京: 中国电力出版社.

国家能源局. 2015. 农村电网建设与改造技术导则: DL/T 5131—2015[S]. 北京: 中国电力出版社.

国家能源局. 2016. 配电网规划设计技术导则: DL/T 5729—2016[S]. 北京: 中国电力出版社.

国网浙江省电力有限公司. 2020. 新型城镇化配电网规划设计[M]. 北京: 中国电力出版社.

韩富春, 赵铭凯, 刘亚新. 1994. 城市电网规划方法研究[J]. 电力系统自动化, 18(11): 57-62.

洪晓燕, 周刚, 张博, 等. 2021. 配电网规划编制指南[M]. 北京: 中国电力出版社.

黄晓尧. 2022. 高弹性配电网规划工作手册[M]. 北京: 中国电力出版社.

金义雄, 王承民. 2011. 电网规划基础及应用[M]. 北京: 中国电力出版社.

孔涛, 程浩忠, 李钢, 等. 2009. 配电网规划研究综述[J]. 电网技术, 33(19): 92-99.

蓝毓俊. 2004. 现代城市电网规划设计与建设改造[M]. 北京: 中国电力出版社.

梁锦照, 夏清, 王德兴. 2009. 快速发展城市的组团式电网规划新思路[J]. 电网技术, 33(17): 70-75.

刘广一. 2017. 主动配电网规划与运行[M]. 北京: 中国电力出版社.

刘军. 2017. 配电网规划计算与分析[M]. 北京: 中国电力出版社.

刘相元, 刘卫国. 2006. 现代供电技术[M]. 北京: 机械工业出版社.

孟晓芳. 2021. 基于规划平台的配电网规划方法[M]. 北京: 科学出版社.

牟龙华, 孟庆海. 2003. 供配电安全技术[M]. 北京: 机械工业出版社.

全国电力系统管理及其信息交换标准化技术委员会. 2017. 配电自动化智能终端技术规范: GB/T 35732—2017[S]. 北京: 中国标准出版社.

阙讯, 程浩忠. 2000. 考虑柔性约束的电网规划方法[J]. 电力系统自动化, (24): 17-20.

沈鑫, 骆钊, 陈昊. 2022. 智能配电网规划及运营[M]. 北京: 科学出版社.

盛万兴, 宋晓辉. 2009. 新农村典型供电模式[J]. 农村电气化, (8): 5-8.

盛万兴, 宋晓辉. 2010. 单三相混合供电模式[M]. 北京: 中国电力出版社.

盛万兴, 宋晓辉, 张莲瑛, 等. 2008. 新农村典型供电模式[M]. 北京: 中国电力出版社.

盛万兴, 周波, 张明达. 2008. 新农村变电站建设模式[M]. 北京: 中国电力出版社.

水利电力西北电力设计院. 1989. 电力工程电气设计手册(电气一次部分)[M]. 北京: 中国电力出版社.

宋晓辉, 盛万兴, 史常凯, 等. 2008. 新农村电气化村典型供电模式[J]. 电力系统自动化, 32(17): 104-107.

宋晓辉, 盛万兴, 史常凯, 等. 2015. 一种基于区域供电的电网规划设计方法: 中国, 201010234267.9[P]. 2015-03-25.

孙成宝, 刘福义. 1998. 低压电力实用技术[M]. 北京: 中国水利水电出版社.

孙洪波. 1996. 电力网络规划[M]. 重庆: 重庆大学出版社.

汤红卫. 2001. 基于 GIS 的农村电网规划方法的研究[D]. 北京: 中国农业大学.

王伟. 2010. 基于环境承载力理论的电网规划信号研究[J]. 电网技术, 34(3): 135-140.

王锡凡. 1990. 电力系统优化规划[M]. 北京: 水利电力出版社.

王勇, 王春凤, 高靖, 等. 2020. 城市电网规划[M]. 北京: 中国电力出版社.

王志刚. 2003. 配电网网架启发式优化算法的研究[D]. 郑州: 郑州大学.

王志刚, 杨丽徙, 陈根永. 2002. 基于蚁群算法的配电网网架优化规划方法[J]. 电力系统及其自动化学报, 14(6): 73-76.

王主丁. 2020. 高中压配电网规划: 实用模型、方法、软件和应用(上)[M]. 北京: 科学出版社.

文福拴, 韩祯祥. 1996. 模拟进化优化方法在电力系统中的应用综述(上)[J]. 电力系统自动化, 20(1): 59-63.

肖峻, 罗凤章, 王成山. 2004. 一种基于区间分析的电网规划项目决策方法[J]. 电网技术, 28(7): 62-67.

肖峻, 罗凤章, 王成山, 等. 2005. 电网规划综合评判决策系统的设计与应用[J]. 电网技术, 29(2): 9-13.

徐玉琴, 李雪冬. 2010. 考虑分布式电源的基于改进免疫克隆选择算法的配电网规划方法[J]. 电网技术, 34(8): 97-101.

严正. 2017. 智能电网规划与运行的评估理论与应用[M]. 北京: 科学出版社.

杨宁, 文福拴. 2004. 电力市场环境下的输电系统规划方法初探[J]. 电网技术, 28(17): 47-52.

于会萍, 刘继东, 程浩忠, 等. 2001. 电网规划方案的成本效益分析与评价研究[J]. 电网技术, 25(7): 32-35.

张弛, 程浩忠, 奚珣, 等. 2006. 基于层次分析和模糊综合评价法的配电网供电模式选型[J]. 电网技术, 30(22): 67-71.

张洪明, 傅勇, 侯志俭, 等. 1999. 基于 L 形算法的多阶段电网规划[J]. 上海交通大学学报, 33(4): 482-484.

张焰. 1999. 电网规划中的可靠性成本-效益分析研究[J]. 电力系统自动化, 23(15): 33-36.

张焰, 陈章潮. 1997. 电网规划中潮流分析方法综述[J]. 水电能源科学, 15(4): 54-57.

张焰, 陈章潮. 1998. 电网规划中的模糊潮流计算[J]. 电力系统自动化, 22(3): 20-22.

张焰, 陈章潮, 谈伟. 1999. 不确定性的电网规划方法研究[J]. 电网技术, 23(3): 15-18.

郑美特. 1999. 电网结构规划原则的研究[J]. 中国电力, (6): 10-12.

中国电力企业联合会. 2019. 配电网网格化规划设计技术导则: T/CEC 5015—2019[S]. 北京: 中国电力出版社.

周步祥, 陈实. 2017. 电网规划理论及技术[M]. 北京: 科学出版社.

朱海峰, 程浩忠, 张焰, 等. 1999. 电网灵活规划的研究进展[J]. 电力系统自动化, 23(17): 38-41.

朱海峰, 程浩忠, 张焰, 等. 2001. 利用盲数进行电网规划的潮流计算方法[J]. 中国电机工程学报, 21(8): 74-78.

朱旭凯, 刘文颖, 杨以涵. 2004. 综合考虑可靠性因素的电网规划新方法[J]. 电网技术, 28(21): 51-54.

Bahiense L, Oliveira G C, Pereira M, et al. 2001. A mixed integer disjunctive model for transmission network expansion[J]. IEEE Transactions on Power Systems, 16(3): 560-565.

Chiang H D. 1991. A decoupled load flow method for distribution power networks: Algorithms, analysis and convergence study[J]. International Journal of Electrical Power & Energy Systems, 13(3): 130-138.

Galiana D, McGillis D T, Marin M A. 1992. Expert systems in transmission planning[J]. Proceedings of the IEEE, 80(5): 712-726.

Gallego R A, Monticelli A, Romero R. 1998. Transmision system expansion planning by an extended genetic algorithm[J]. IEE Proceedings—Generation, Transmission and Distribution, 145(3): 329-335.

Gallego R A, Romero R, Monticelli A J. 2000. Tabu search algorithm for network synthesis[J]. IEEE Transactions on Power Systems, 15(2): 490-495.

Haffner S, Monticelli A, Garcia A, et al. 2000. Branch and bound algorithm for transmission system expansion planning using a transportation model[J]. IEE Proceedings—Generation, Transmission and Distribution, 147(3): 149-156.

Lakervi E, Holmes E J. 1999. 配电网络规划与设计[M]. 范明天, 张祖平, 岳宗斌, 译. 北京: 中国电力出版社.

Romero R, Gallego R A, Monticelli A. 1996. Transmission system expansion planning by simulated annealing[J]. IEEE Transactions on Power Systems, 11 (1): 364-369.

Romero R, Monticelli A, Garcia A, et al. 2002. Test systems and mathematical models for transmission network expansion planning[J]. IEE Proceedings—Generation, Transmission and Distribution, 149 (1): 27-36

Schilling M T, da Silva A P A, Billinton R, et al. 1990. Bibliography on power system probabilistic analysis (1962-88) [J]. IEEE Transactions on Power Systems, 5 (1): 1-11.

Sioshansi F P. 1995. Demand-side management: The third wave[J]. Energy Policy, 23 (2): 111-114.

附录 A　城乡配电网规划中的简化潮流计算

A.1　城乡配电网潮流计算概述

A.1.1　城乡配电网潮流计算方法简述

城乡配电网潮流计算有不同于输电网潮流计算的特点。城乡配电网一般是闭环建设，开环运行，而且线路的 R/X 值较高、节点支路的数目很庞大，传统的潮流计算方法，如牛顿法、快速解耦潮流计算法等方法，不适合进行配电网潮流计算。

在配电网规划中，潮流计算既有交流潮流计算法，也有直流潮流计算法。在交流潮流计算法中，以前推回代法应用较为广泛。

直流潮流计算法是交流潮流的简化形式，具有计算速度快和便于进行断线分析等特点，并且能够得到较高的计算精度，比较适合于规划研究。有文献采用盲数来描述和处理电网规划中各节点信息的不确定性，将盲数收入到直流潮流方程中进行直流潮流的计算，建立了基于盲数的电网规划直流潮流计算模型，以提高计算速度解决计算量大的问题，但该直流潮流计算法不是针对配电网规划的潮流计算的。

配电网规划中采用的潮流算法基本上是采用针对配电网运行情况的确定性潮流算法，或借鉴输电网的不确定性的潮流算法。

实际上，配电网规划有其自身特点，既不完全和配电网运行情况相同，也具有不同于输电网规划的特性。

A.1.2　城乡配电网规划中的不确定性因素

城乡配电网规划有其特殊性，其中的不确定性因素也有不同于输电网规划的内容。

设备故障是一个不确定因素，但考虑 N–1 准则校验后，可不再将设备故障作为不确定因素。

由于配电网辐射结构较多，且环网结构也是开环运行，因而与电厂相连的设备应能满足电厂的最大送出要求，且直接接入配电网的电厂装机容量一般不是很大，故发电机出力的不确定性在配电网规划中可不予考虑。

另外，在厂网分开的情况下，大用户选择权放开对配电网潮流分布基本无影响。分时电价的变化一般也不会影响到绝大部分用户的用电负荷(小用户、商业用户、居民用户等)，当然也不会影响潮流变化，即使个别大用户负荷随之变化，为其供电的配电设施也只能按其最大负荷规划，故可以忽略潮流分布的不确定性。

电价的变化直接影响负荷，电价的不确定性反映了负荷的不确定性，当考虑了负荷的不确定性后，可以不再单独考虑电价不确定性对规划的影响。

这样，配电网规划中的不确定性有以下几个方面：

(1)负荷的不确定性。

(2)负荷水平出现时间的不确定性。

(3)发电机装机容量的不确定性。

(4)设备价格、贴现率的不确定性。

(5)电源规划的不确定性。

(6)投资资金的不确定性。

另外，配电网规划受环境的制约较大，因而，配电网规划还受到下列不确定性影响：

(1)城乡发展规划及其实施过程的不确定性，突出地表现在开发区的规划中，负荷的发展具有较大的不确定性。

(2)变电站站址、线路走廊的不确定性。

A.1.3 城乡配电网规划潮流计算的特殊性

配电网规划的潮流计算与配电网运行潮流计算有相同的一面，也有不同的一面。相同点使得配电网规划的潮流计算可以借鉴运行时的潮流算法，不同的一面使得配电网规划的潮流计算具有其特殊性。

配电网规划的潮流计算与运行时的潮流计算的相同点，主要有以下几个方面：

(1)由于配电网呈辐射状的较多，即使是环网设计，也是开环运行，这使得潮流计算时不用考虑环网的情况。

(2)支路参数具有相同的性质，R/X 的状况相同，可以采用相同的算法。

(3)均需计算出支路或节点的功率大小及流向。

(4)潮流计算的目的有一定的相同之处，如校核设备容量、检验电压是否越限。

配电网规划的潮流计算与运行时的潮流计算的不同之处，主要有以下几个方面：

（1）计算的精确度不同。运行潮流，针对给定网络潮流计算，各项参数都是一定的，也可以采用较为精确的参数，在算法适当的情况下，得到较为精确的计算结果。而规划中采用的计算参数，新的支路或节点均是估算值，较为粗略，因而在采用相同算法的情况下，尽管计算结果相对采用的参数来说是精确的，但对将来实际网络而言仍然是不精确的，所以规划中的潮流计算结果的精确度可以低于运行潮流的计算结果。

（2）计算的目的有不同之处。运行时潮流计算的目的除校核设备容量、检验电压外，还需要得出明确的电压、功率大小信息，反馈给运行或者计算人员作为参考。而在电网规划中，潮流计算大多在方案选择中使用，特别是在采用计算机计算时，无须将电压、功率等具体信息反馈给规划人员，即可自行判断；即使采用手工计算时，规划人员关注的也不是具体数值，而是功率、电压是否越限。

（3）采用的负荷不同。规划中采用的负荷一般是各供电区或者预测点的最大负荷，对一个节点而言，由于各支路的负荷（预测出的最大负荷）并不一定是同一时间的数值，该节点在规划中潮流计算时并不一定满足基尔霍夫电流定律（Kirchhoff current law，KCL）。而运行潮流计算时，负荷采用的是同一时间的数值，因而各节点满足 KCL。

（4）需要跨越电压等级计算时，运行潮流计算时节点的一次侧负荷需要通过计算二次侧负荷进行折算；而在规划中，该节点的一次侧负荷一般通过负荷预测确定。

由于这些不同点的存在，配电网规划中的潮流计算可以采用有别于运行时的配电网潮流算法。

A.2　城乡配电网规划中的简化潮流计算模型与方法

A.2.1　问题的提出

目前的城乡配电网规划潮流计算，大多采用配电网运行潮流的计算方法，由于配电网规划潮流计算的特殊性，这些算法虽可采用，但针对性并不强。在确定性潮流计算中，特别是考虑一些不确定因素时，同输电网规划一样也存在计算工作量大的问题。

为解决潮流计算工作量大的问题，并反映全局情况，引入了考虑不确定因素的潮流计算方法，包括模糊潮流计算分析法、概率潮流计算分析法、区间潮流计算分析法等方法。这些方法虽然不是针对配电网规划的潮流计算提出的，但对配电网规划的潮流计算也有借鉴意义，其方法也可应用到配电网规划的潮流计算中去，这样可减少潮流的计算工作量。

虽然计及不确定性信息的潮流计算可能有效降低计算工作量，但不确定性信息正确、恰当的处理有一定难度，处理不当有可能带来较大误差，目前在我国电网规划中的应用较少，尚需深入研究并不断完善。

确定性潮流计算可以带来确定性的信息，比较符合规划工作中的习惯，有较好的应用价值，在目前的潮流计算中使用较为广泛，有着计及不确定性信息潮流计算的不可替代的作用。因而，找出一种针对配电网规划、计算速度又较快的潮流计算方法是必要的，具有一定的实用意义。

为此，结合配电网规划潮流计算的特殊性，提出一种适用于配电网规划的简化潮流计算方法。按电压分层进行潮流计算，同时用负荷矩判断线路末端电压是否越限，从而不用计算出电压的具体值，以提高计算速度且符合配电网规划实际。

A.2.2　潮流分层计算的合理性

潮流的分层计算是指按电压等级将电网分层，对每一分层单独计算潮流，而不考虑其他分层的潮流分布。

目前，在高压配电网中，调压变压器已普遍采用，各变电站通常也配有无功补偿装置，各配电变压器台区(供电区)也可做到无功就地补偿。一般情况下均可通过调节变压器分接头、无功装置的投切调节二次侧电压，使二次侧电压合乎要求，故当一次侧电压合乎要求时，可不考虑一次侧电压变化对二次侧电压的影响，即二次侧电压在一定范围内是可控的。

在配电网规划中，负荷是分区、分层预测的，计算潮流时某节点的负荷无须也不应当通过计算其下级节点的负荷来确定，而是采用该节点的预测值。所以，一次侧的潮流计算可不考虑其二次侧的出线负荷的影响；二次侧某支路潮流计算中，由于二次侧电压在一定范围内是可控的，不必考虑一次侧电压变动及该节点总负荷的影响。

因此，一次侧、二次侧的潮流可以分开来计算，而不必考虑其间的相互影响，即可以按电压等级分层计算，这也更能符合电网规划的实际要求。

如图 A-1 所示的系统，电网规划中进行潮流计算时，$P_{Dj} + jQ_{Dj}$ 是 j 节点最大负荷的预测值，而不等于 j 节点二次侧负荷的简单累加，其二次侧各支路的潮流计算采用的负荷是各自的最大负荷预测值。当 j 节点一次侧电压变化合乎要求时，可通过调整变压器分接头来调节二次侧电压。计算时，110kV、35kV系统应分开计算，计算 110kV 潮流时，不考虑 35kV 网络的潮流分布情况；计算 35kV 潮流时，不考虑 110kV 网络的潮流，认为 j 节点二次侧电压是已知的。此时，并不能确定出 j 节点二次侧电压的相角，但并不影响计算。

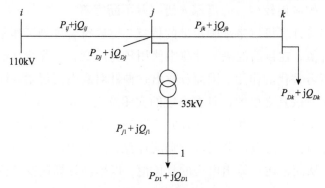

图 A-1　多层配电网

A.2.3　配电网规划中用负荷矩判断电压是否越限的合理性

在配电网规划中，潮流计算的目的是计算网损、校核供电设施容量、校核电压。

校核电压和供电设施容量时，一般要求实际值在一定范围，并不需要知道实际数值。而网损和负荷及电压的数值有关，要求知道这两个具体数值，但一般而言，网损受负荷变动的影响较大。网络的电压变动范围较小，其变动对网损的影响也相对较小；而负荷变动较大，对网损变化影响较大，故可以忽略电压变化对网损的影响。

在潮流计算时，负荷的数值是不可少的，如果能够不计算出电压的具体数值，就可判断出电压是否合乎要求，则可减少潮流计算工作量。

再者，对于配电网的电压，由于线路较短，轻载时的电压升高可以忽略不计，只需考虑电压降低即可。

采用负荷矩判断电压是否越限时，无须计算出电压的具体值，因而规划中潮流计算时计算负荷矩而不直接计算电压的具体值是合理的。计算出负荷矩后，也可根据支路最大允许负荷、首端电压计算出支路末端的数值，精度也能够满足需要。

A.2.4　负荷矩判断电压是否越限的原理

负荷矩是某支路的负荷与该支路长度的乘积，工程上把它用于判断电压是否越限。

在高压配电网规划中，一般要求电压不超出一定范围。由于配电线路一般较短，轻载时支路的电压升高可不予考虑，规划中，只需考虑最大负荷时电压降不超过允许值即可。

1. 负荷矩的计算

设某线路的负荷为 $P+jQ$，单位长度参数为 $r+jx$，长度为 L，额定电压为 U_N，电压单位为 kV，功率单位为 kV·A（kW、kvar），阻抗单位为 Ω，负荷矩单位为 kV·A·km，则电压降为

$$\Delta \overset{*}{U} = \frac{P-jQ}{\sqrt{3}\overline{U}_N}L(r+jx)\times 10^{-3} \tag{A-1}$$

对式（A-1）取模，则有

$$\Delta U = \frac{S}{\sqrt{3}U_N}Lk\times 10^{-3} \tag{A-2}$$

其中，ΔU 为电压降；$S=\sqrt{P^2+Q^2}$ 为视在功率；$k=\sqrt{r^2+x^2}$ 为常数。

定义负荷矩为

$$F = SL \tag{A-3}$$

可得

$$F = \sqrt{3}\times 10^3 \times \Delta U U_N / k \tag{A-4}$$

当 ΔU 最大时，F 达到最大允许值。最大允许负荷矩为

$$F_{max} = \sqrt{3}\times 10^3 \times \Delta U_{max} U_N / k \tag{A-5}$$

当 Q 与 P 比值为 m 时，有

$$\Delta U = \frac{PL}{\sqrt{3}U_N}\sqrt{1+m^2}k\times 10^{-3} \tag{A-6}$$

相应地，有

$$F = PL \tag{A-7}$$

工程上采用式(A-7)计算负荷矩。

2. 应用负荷矩判断电压是否越限的方法

由上可知，ΔU 正比于负荷矩，可得

$$\frac{\Delta U}{\Delta U_{\max}} = \frac{F}{F_{\max}} \tag{A-8}$$

由式(A-8)可知，只要有 $0 \leqslant F \leqslant F_{\max}$，则有 $0 \leqslant \Delta U \leqslant \Delta U_{\max}$，因而只要支路的负荷矩 F 小于该支路的最大允许负荷矩，则该支路电压不会越限。

判断某支路电压是否越限，首先计算出该支路的负荷矩 F，再将它与最大允许负荷矩 $F_{\max}$ 相比较，当 $F < F_{\max}$ 时，则电压降在允许范围内；反之，电压越限。

线路的最大允许负荷矩与电压等级及线路参数有关，可以事先确定。

采用前推回代法计算潮流时，负荷的实际值与第一次迭代所计算出的负荷一般相差甚小，可以认为第一次迭代所计算出的负荷即为所要的结果。

因而，采用负荷矩判断电压是否越限，进行潮流计算时只需计算支路负荷，不需要计算电压的数值，从而在计算过程中不需要反复迭代，减少了计算工作量。

A.2.5 负荷矩判断电压是否越限的误差分析

1. 电压降计算误差分析

线路支路电压降可表示为

$$\Delta U = \frac{F}{\sqrt{3}U_{N}} k \times 10^{-3} \tag{A-9}$$

其中，支路的电压降 ΔU 误差来源分别为模型误差、该支路负荷矩 F 的计算误差、支路参数 k 的误差，以及支路首端电压与额定电压 U_{N} 的误差，支路参数 k 的误差在各种计算模型、方法中均同样存在，此处不予讨论。

(1)支路负荷矩 F 的误差对电压降 ΔU 误差的影响。

由负荷矩的定义 $F = SL$ 可知，负荷矩的误差取决于支路末端功率的计算误差及支路长度误差，支路长度误差在其他算法中同样客观存在，此处不予讨论，

可以假定支路长度 L 是精确的。

由于 S 一般为预测值或通过简单计算的计算值,其误差取决于负荷预测误差。

所以,负荷矩 F 的误差取决于负荷的预测误差。当不考虑负荷预测误差时,可认为负荷矩 F 无误差,此情况下 F 对电压降 ΔU 误差无影响。

(2)支路首端电压与额定电压 U_N 的误差对电压降 ΔU 误差的影响。

当支路首端直接与某节点二次侧相连时,其首端电压 U 一般不小于额定电压 U_N,由于计算式中用额定电压 U_N 代替了实际电压,且 ΔU 与首端电压成反比,这样计算出的 ΔU 将比实际值偏大,是实际值的 U/U_N 倍。

所以,由首端电压与额定电压 U_N 的误差给电压降 ΔU 误差的百分数为 $100(U/U_N-1)$。当首端电压与额定电压相差较小时,此项误差较小。此项误差带来的结果是使计算结果趋于保守。

如果在规划中认为首端电压为额定电压,则此项误差为 0。

(3)模型误差对电压降 ΔU 误差的影响。

在计算电压降时,精确的计算应将末端功率用首端功率代替,即

$$\text{首端功率}S' = \text{末端功率}S'' + \text{线路损耗}\Delta S_L - \text{线路充电功率}\Delta S_C$$

在配电网中,一般线路较短,ΔS_C 较小,且在线路负荷较大时,线路的无功损耗可大于 ΔS_C。

一般会有 $S' > S''$,因而由模型误差给电压降 ΔU 误差的百分数略小于 $100(S'/S''-1)$ 而大于 0,使计算出的 ΔU 比实际值略小。通常情况下,此值较小,与支路电压等级及负荷有关,在高压配电网中,一般不超过 3%。

综上所述,模型误差使 ΔU 减小,误差的百分数相当于支路损耗与支路功率的比值,减小幅值一般在 3%以内;而首端电压与额定电压 U_N 的误差使 ΔU 增大,误差百分数相当于首端电压与额定电压 U_N 误差的百分数。

两种误差结合起来,使总误差减小,小于两种误差中的较大者。

2. 用负荷矩判断电压是否越限的误差

线路支路电压降也可表示为

$$\Delta U = \frac{F}{F_{\max}} \Delta U_{\max} \tag{A-10}$$

其中,$\Delta U_{\max}$ 为给定值,不会带来误差;$F_{\max}$ 虽然为事先确定的值,但其数值与电压有关,因而也存在与实际的误差;F 的计算也存在一定误差。

$F_{\max}$、F 的误差均来自其数学表达式，因而，它们给 ΔU 带来的误差也取决于其数学表达式，即式（A-2）。所以，用负荷矩判断电压是否越限的误差和电压限的计算误差相同。

由以上分析可知，用负荷矩判断电压是否越限的误差主要有两种：一种是使 ΔU 减小的误差，该误差的百分数相当于支路损耗与支路功率的比值，减小幅值一般在3%以内；另一种是使 ΔU 增大的误差，误差的百分数相当于首端电压与额定电压 U_{N} 误差的百分数。

两种误差结合起来，使总误差减小，小于两种误差中的较大者。而两种误差均不大，且电网规划的要求精度并不高，完全可以满足规划的精度要求。

A.2.6　配电网规划中的潮流简化计算

当线路参数一定时，线路的供电容量受最大允许电流的限制，最大允许电流对应一负荷，不妨称此负荷为该型线路的最大允许负荷。

由最大允许负荷矩可得出最大允许负荷时的线路长度：

$$L_{\mathrm{L}} = F_{\max} / S_{\max} \tag{A-11}$$

$$L_{\mathrm{L}} = F_{\max} / P_{\max} \tag{A-12}$$

称 L_{L} 为该型线路的临界长度。

支路的负荷采用前推回代法的第一步计算方法进行计算。以前述的系统为例，计算方法如下。

设 k 节点的负荷为 $P_{Dk} + \mathrm{j}Q_{Dk}$，则有

$$P_{jk} = 10^{-3} r_{jk}[(P_{Dk}^2 + Q_{Dk}^2)/V_k^2] + P_{Dk} \tag{A-13}$$

$$Q_{jk} = 10^{-3} x_{jk}[(P_{Dk}^2 + Q_{Dk}^2)/V_k^2] + Q_{Dk} \tag{A-14}$$

$$P_{ij} = 10^{-3} r_{ij}\omega^2 \left[\left(\sum_{k \in C_j} P_{ik} + P_{Dj}\right)^2 + \left(\sum_{k \in C_j} Q_{jk} + Q_{Dj}\right)^2\right]\bigg/ V_j^2 + \omega\left(P_{Dj} + \sum_{k \in C_j} P_{ik}\right) \tag{A-15}$$

$$Q_{ij} = 10^{-3} x_{ij}\omega^2 \left[\left(\sum_{k \in C_j} P_{ik} + P_{Dj}\right)^2 + \left(\sum_{k \in C_j} Q_{jk} + Q_{Dj}\right)^2\right]\bigg/ V_j^2 + \omega\left(P_{Dj} + \sum_{k \in C_j} Q_{ik}\right) \tag{A-16}$$

其中，ω 为同时率。

设支路 $j\text{-}k$、$i\text{-}j$ 长度为 L_{jk}、L_{ij}，则其负荷矩计算式为

$$F_{jk} = L_{jk}\sqrt{P_{jk}^2 + Q_{jk}^2} + F_{ij} \tag{A-17}$$

$$F_{ij} = L_{ij}\sqrt{P_{ij}^2 + Q_{ij}^2} \tag{A-18}$$

此潮流计算方法具有计算量小的优点，并可根据负荷矩计算出电压降，适用于不要求求出电压具体数值或只需求出电压降的情形。

电压降计算式见式(A-10)。当首端电压已知时，可根据电压降求出末端电压的具体值。

潮流简化计算框图如图 A-2 所示。

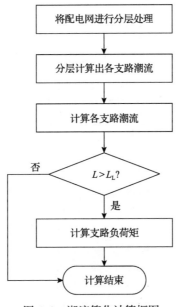

图 A-2　潮流简化计算框图

A.2.7　采用简化潮流计算的注意事项

(1) 简化潮流算法要求分层、分区预测负荷，若部分节点无预测数据，该节点负荷可取为其二次负荷与转供负荷之和与同时率的乘积。

(2) 当规划方案不改变各变电站的供电区时，各节点的计算负荷采用最初的预测值。当将节点 k 的负荷 P_k 由 i 节点供电转向由 j 节点供电时，i、j 节点负荷进行以下调整：

$$P_i' = \max[P_i - \omega P_k, \omega(P_i - P_k), \omega P_i - P_k] \tag{A-19}$$

$$P_j' = \max[P_j + \omega P_k, \omega(P_j + P_k), \omega P_i + P_k] \tag{A-20}$$

A.3　实例分析

以图 A-3 所示系统为例,各支路参数和节点主变容量如表 A-1 和表 A-2 所示。

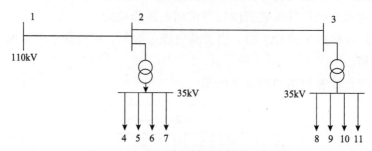

图 A-3　有两个电压等级的高压配电系统

表 A-1　各支路参数

支路	$R/(\Omega/km)$	$X/(\Omega/km)$	L/km	导线载流量/A	节点电压等级/kV
1-2	0.1592	0.394	30	543	110
2-3	0.1592	0.394	40	543	110
2-4	0.2496	0.379	15	407	35
2-5	0.2496	0.379	20	407	35
2-6	0.2496	0.379	18	407	35
2-7	0.2496	0.379	21	407	35
3-8	0.2496	0.379	15	407	35
3-9	0.2496	0.379	18	407	35
3-10	0.2496	0.379	10	407	35
3-11	0.2496	0.379	30	407	35

表 A-2　节点主变容量

节点	1	2	3	4	5	6	7	8	9	10	11
容量/(kV·A)	120000	31500	31500	10000	8000	8000	8000	10000	6300	10000	8000

方案一:前推回代法。

负荷数据如表 A-3 所示,各节点和支路的潮流计算结果如表 A-4 和表 A-5 所示。

表 A-3　节点负荷

节点	4	5	6	7
负荷/(kV·A)	6000+j600	4500+j450	4500+j450	4500+j450
节点	8	9	10	11
负荷/(kV·A)	5500+j550	3000+j30	6000+j600	4000+j400

注：本例中节点负荷不含由高压母线转供的负荷。

表 A-4　节点计算结果（前推回代法）

节点	有功功率/kW	无功功率/kvar	电压/kV	电压是否合格	主变容载比
1	39519.904	6879.986	110.00	合格	3.04
2	19891.097	2552.223	107.54	合格	1.58
3	18830.28	2351.507	106.00	合格	1.67
4	6000	600	33.81	合格	1.67
5	4500	450	33.81	合格	1.78
6	4500	450	33.90	合格	1.78
7	4500	450	33.77	合格	1.78
8	5500	550	33.37	合格	1.82
9	3000	300	33.63	合格	2.10
10	6000	600	33.58	合格	1.67
11	4000	400	33.02	不合格	2.00

表 A-5　支路计算结果（前推回代法）

	支路	1-2	2-3	2-4	2-5	2-6	2-7	3-8	3-9	3-10	3-11
支路末端功率	有功功率/kW	38910.9	18830.3	6000	4500	4500	4500	5500	3000	6000	4000
	无功功率/kvar	5372.76	2351.5	600	450	450	450	550	300	600	400
	容载比	2.66	5.49	4.11	5.48	5.48	5.48	4.49	8.22	4.11	6.17

方案二：简化潮流计算法。

可以算出，110kV 的最大负荷矩为 2465855.7kV·A·km，35kV 的最大负荷矩为 233766.3kV·A·km。

节点 4～11 的负荷同表 A-3，另增加节点 2、3 的负荷数据，如表 A-6 所示。各支路和节点的潮流计算结果如表 A-7 和表 A-8 所示。

表 A-6　节点 2、3 的负荷

节点	2	3
负荷/(kV·A)	18000+j1800	18000+j1800

表 A-7　支路计算结果(简化潮流计算法)

支路	有功功率/kW	无功功率/kvar	负荷矩/(kV·A·km)	电压是否合格	容载比
1-2	36695.07	5320.21	1112362.1	合格	2.86
2-3	18172.22	2226.22	1844685.2	合格	5.75
2-4	6111.13	768.74	92389.3	合格	4.11
2-5	4583.35	576.56	92389.3	合格	5.48
2-6	4575.01	563.90	82973.4	合格	5.48
2-7	4587.51	582.88	97112.3	合格	5.48
3-8	5593.38	691.79	84539.9	合格	4.49
3-9	3033.34	350.62	54963.6	合格	8.22
3-10	6074.09	712.49	61157.3	合格	4.11
3-11	4098.78	549.99	124065.5	合格	6.17

表 A-8　节点计算结果(简化潮流计算法)

节点	主变容载比	电压/kV	节点	主变容载比	电压/kV
2	1.75	107.52	7	1.78	34.27
3	1.75	105.89	8	1.82	34.37
4	1.67	34.31	9	2.10	34.59
5	1.78	34.31	10	1.67	34.54
6	1.78	34.38	11	2.00	34.07

注：电压值根据实际需要决定是否算出；容载比无须通过潮流计算算出。

　　计算中，最大允许电压降为额定电压的 5%。

　　从计算结果可以看出，节点 2、3 简化潮流计算法的电压略小于前推回代法的计算结果，而其他节点的计算电压均是简化潮流计算法大于前推回代法，差异较大的是节点 11 的电压，前推回代法的计算结果越限，而简化潮流计算法的计算结果却在允许误差限内。出现这种结果的原因，主要在于前推回代法在进行多电压等级的计算时，如果不按电压分层计算，则低电压等级的支路末端电压降是相对高电压等级的电压已知节点来计算的；而简化潮流计算法考虑了变压器对电压的调节作用，支路末端电压降是相对于该电压等级的电压已知点而言的。因而，这种情况下，对于低电压等级支路，简化潮流计算法的电压降小于前推回代法的电压降。

　　而当不跨越电压等级进行计算时，两种计算方法的计算结果差较少。但可以看出，采用前推回代法迭代 3 次时，简化潮流计算法的工作量约为前推回代法的 1/3，即简化潮流计算法的计算速度应在前推回代法的 2 倍以上。

　　对于支路 3-11，在给定条件下，可以计算出其电压降为 0.986kV，节点 11 电压应为 34.01kV，比较而言，简化潮流计算的结果更与此数值相符，而前推回代法的结果与它相差稍远。

　　只对一个电压等级网络进行潮流计算时，或采用前推回代法按电压分层进行计算时，两种方法计算结果相差较少，且均可得出满足精度要求的结果，但简化潮流计算法的计算速度要优于前推回代法。

　　当跨电压等级进行潮流计算时，例如前推回代法不按电压分层进行计算，则将有较大的计算误差，而简化潮流计算法可得出满足精度要求的结果。

　　从本例可以看出，在配电网规划中，电网规划的简化潮流计算法，相对于其他确定性潮流算法，能得到满足规划精度要求且相对准确的计算结果，并具有计算速度快的优势，而其他一些算法，在电网规划中，如前推回代法，计算速度不及简化潮流计算法，且当忽略二次侧电压一定程度上的可控性时，在一些情况下有可能产生较大的误差。